迟到了100年的诺贝尔奖

物理卷

柠檬夸克 著　　五口 绘　　赵楠 审订

中信出版集团 | 北京

图书在版编目（CIP）数据

迟到了100年的诺贝尔奖 : 物理卷 / 柠檬夸克著 ;
五口绘 . -- 北京 : 中信出版社 , 2023.11
ISBN 978-7-5217-5941-9

Ⅰ . ①迟… Ⅱ . ①柠… ②五… Ⅲ . ①物理学－青少
年读物 Ⅳ . ① O4-49

中国国家版本馆 CIP 数据核字（2023）第 157168 号

迟到了 100 年的诺贝尔奖：物理卷

著　　者：柠檬夸克
绘　　者：五口
出版发行：中信出版集团股份有限公司
　　　　　（北京市朝阳区东三环北路27号嘉铭中心　邮编　100020）
承 印 者：北京尚唐印刷包装有限公司

开　　本：889mm×1194mm　1/24　　印　　张：5　　　字　　数：70千字
版　　次：2023年11月第1版　　　　　印　　次：2023年11月第1次印刷
书　　号：ISBN 978-7-5217-5941-9
定　　价：39.80元

亲爱的小朋友，希望你今天爱读诺贝尔奖的故事，未来能得诺贝尔奖。

——柠檬夸克

目录

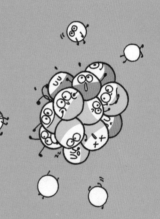

第1讲

黑洞：假如霍金活到 2020 年

　　他斜靠在轮椅上，身体羸弱，大脑却异常强悍，思维奔向亿万光年。

　　他出生在牛津，小时候成绩平平，却聪明无敌。21 岁时，他因患罕见病被告知只剩两年寿命，却顽强地活过了古稀之年。

　　他被大众视作"爱因斯坦之后世界上最杰出的理论物理学家之一"，却无缘诺贝尔奖。

　　他就是斯蒂芬·威廉·霍金，20 世纪最具传奇色彩的物理学家。他那么有名，而且研究的是黑洞———特别神秘高深！为什么就没得诺贝尔奖呢？

黑洞真是一个洞吗?

黑洞源于"大神"开的一个脑洞。这位"大神"是法国数学家、天文学家、物理学家拉普拉斯。

不是一切物体之间都有引力吗?拉普拉斯的脑洞从这一点开始:既然所有的物体都有引力,那么要是有一个物体,它的引力大极了,大到连光都给牢牢地吸住了,光无法抽身,这会怎么样呢?——没有光射出,我们就压根儿看不到这个物体了。明明有那么一大团东西,我们却根本看不到,眼前一片黑!拉普拉斯给这样的东西取名叫"黑洞"。他还算出了黑洞的半径和质量的关系。按这个公式,假如有一台"超级万能压缩机",从一头把地球强行塞进去,关好门,按下压缩按钮,不由分说把地球压缩到一颗黄豆大小,那么我们的地球就会变成黑洞了!当然,我们也就看不到地球了。发射卫星什么的就别想了,根本飞不起来。

虽说拉普拉斯把黑洞说得有鼻子有眼、头头是道,可任谁都看不到,别人怎么接话呀?别急,这个话题爱因斯坦接了!他提出了一个非常高深的理论,叫作广义相对论。用这个理论,经过一番计算,算出来的结果证明,还真有黑洞这东西!不仅如此，每一个黑洞都有一个范围，任何物质，当然也包括光在内，只要进入了这个范围，那就有去无回。在这个范围之内，万事万物都被黑洞恐怖的引力支配——吸住，来吧！这就给你办个永久居留证。被吸到黑洞里，想逃出来？那是做梦！喊救命？对不起！黑洞外面的人根本看不到，永远不可能看到。这个范围叫作视界，视界以内的世界，是我们看不到的，我们通常把视界的半径称为黑洞的半径。巧了！这个半径和拉普拉斯算出来的一模一样。

"奇"是奇怪的"奇"

越是神秘的东西就越吸引人。黑洞学说和广义相对论，就像黑洞一样有巨大的吸引力，把很多物理学家和天文学家都"吸"了进去，投身研究，乐此不疲。

刚开始研究的时候，人们就碰到一件十分古怪的事。科学家们认为，黑洞是由大质量的恒星坍缩而成的。多大算大质量呢？至少是太阳质量的十几倍。这样的庞然大物坍缩完，所有的质量都集中在一个点上，当然，这个点的密度无穷大。不可思议吧？科学家们也觉得匪夷所思，于是把这个点叫作"奇点"，"奇"是奇怪的"奇"，就是直言不讳地告诉你，这个点特别奇怪！那说到这儿，我们再认识一下黑洞吧：一种天体，质量巨大，引力无敌，结构

原来黑洞是这么回事！！

简单——视界里面就一个点。

这么奇怪的点是真实存在的吗？还是仅仅是科学家的脑洞？每个黑洞都有奇点吗？

1965 年，英国数学家、物理学家罗杰·彭罗斯在理论上证明了奇点真实存在。不管坍缩前的恒星长什么模样，也不管坍缩过程是怎么样的，奇点终究是这颗恒星的最终归宿。随后，彭罗斯和霍金携手，一起完善了这个理论，把它推广到了整个宇宙。他们证明：黑洞内部有一个奇点，那是时间终结的地方；宇宙大爆炸从初始奇点开始，那是时间开始的地方。霍金与彭罗斯一起证明的这个定理，在物理学上被称为奇点定理。他们两位因此共同获得了 1988 年的沃尔夫物理奖。

霍金冤不冤？

是的，霍金研究的黑洞就是这么回事。

那霍金又是怎么回事？他得了什么病？为什么总要坐轮椅？那他还怎么研究黑洞呀？

21 岁时，霍金被诊断为患有罕见的肌萎缩侧索硬化。得了这种病，人的四肢、躯干、胸和肚子的肌肉会慢慢地不听使唤并且萎缩，整个人像逐渐地给冻住了一般，最后全身瘫痪，一般认为，患者 2~5 年内就会走到生命尽头。21 岁的霍金就被医生认为只能再活 2 年。

谁知凭借顽强的毅力和乐观的精神，霍金又活了半个多世纪。身体瘫痪后，他只有两只眼睛和三根手指能够活动，几家顶尖企业为他度身定制了一台浑身黑科技的轮椅，帮助他完成电脑打字、上网浏览和收发邮件等操作，人们甚至开发了语音合成器，把他输入的文字"说"出来。好在霍金是理论物理学家，他不需要摆弄实验仪器，他的日常工作是推导公式，用电脑进行复杂的运算。因此尽管身体被禁锢着，但他的精神世界依然在彩虹下顽强地奔跑，跑得还比谁都远。

说到这儿，你大概也能隐约猜到，为什么名满全球的霍

•• 007 •

阅读延伸

霍金在黑洞和宇宙学的研究上颇有建树，在黑洞研究方面，他最著名的研究成果就是霍金辐射。他认为，黑洞不仅会不断吞噬物质，也会通过辐射放出物质。有记者问过他："为什么你一直没得诺贝尔奖？"他很干脆地回答："那是因为我的霍金辐射没有被观测到。"

金就是拿不到诺贝尔奖了——黑洞神乎其神、虚无缥缈的，谁知道他说得对不对啊！

不管你的理论多么高深，你的计算多么严谨，你的解释多么精彩，也不管你的名气多大，故事多感人，只要没有实验观测或者事实依据就不会被承认，科学就是这么不讲情面。而诺贝尔奖委员会更是坚持"一慢二看三通过"，宁可你没奖遗憾终生，不能我发错贻笑大方。当然，诺贝尔奖委员会也不是没发错过。

那么黑洞到底存在不存在呢？科学家们从来没有放弃探索和揭秘。

1970 年，在夏季北天的著名星座——天鹅座中，科学家们发现了蛛丝马迹。天鹅座的 X-1 星是一个双星系统，它实际由两颗星组成，一颗明亮的恒星和一颗不发光的暗星。这就像昏暗的舞池里，一对舞伴翩翩起舞——一个是穿白裙的姑娘，另一个是一身黑衣的帅哥。即便我们看不清黑衣男孩，但根据白裙女孩的动作，也能对她的舞伴做出一些推测。双星系统中的那颗亮星，质量是太阳的 20~40 倍。根据这颗星的运动规律，科学家们推测，在它旁边的那颗不发光的星，质量大约是太阳的 21 倍。

21 倍！这可不得了！因为物理学家们早已在理论上证明了：只要一个天体的质量大于 3 倍的太阳，而它又不发光，那么就必是黑洞无疑。天鹅座的 X-1 星的暗星就是人类发现的第一个黑洞。

©Stocktrek Images/Getty Images

天鹅座 X-1 系统的艺术家插画

这就是"缉拿"黑洞的一个思路：你虽然会隐身，但你周围总有我们能看见的；你不声不响，但你那么大的质量在那儿摆着，那么强大的引力，不可能对周围天体没有任何影响。呵呵，要想人不知，除非你不存在。

霍金去世后第二年

在天鹅座的 X-1 星之后，人们又陆续发现了一些黑洞，其中最重要的就是人马座 A*。之所以说它重要，是因为它处于银河系的中心，也就是银心。

银河系的中心一直疑影重重。银河系非常大，直径达到了 10 万光年。很早以前，科学家们就想不通，银河系凭什么"小马拉大车"？根据估算，银心的质量不足以吸引这么大的银河系围绕银心旋转。要想稳住银河系，"定海神针"必定另有其"星"！科学家们猜测，银河系的中心一定有大质量的黑洞。而银河系的中心，就位于人马座方向。

于是，人马座 A* 进入了科学家们的视线。它刚好位于银河系的中心，自然全世界有不少天文学家都选择去研究它。这也包括来自德国的赖因哈德·根策尔和美国人安德烈娅·盖兹与他们各自带领的团队。研究人员追踪了人马座 A* 附近的众多恒星中大约 30 颗最亮的恒星。通过研究它们的运动轨迹来判断人马座 A* 的质量。最终得出了惊人的结果：人马座 A* 的质量大约是太阳质量的 400 万倍，个头和太阳系差不多。这是一个超大型的黑洞呀！

这还不足以证明霍金的理论，给他发诺贝尔奖吗？不能。这毕竟还是理论研究，没有眼见为实！科学就是这么认死理。因此终其一生，霍金也没有能获得诺贝尔奖，这让他的很多支持者耿耿于怀。

有时命运就是这么捉弄人。在霍金去世后的第二年，2019年4月10日，由全球众多科学家参与的"事件视界望远镜"项目公布了 M87 星系中心的黑洞的照片，黑洞从此不再只是个

阅读延伸

"事件视界望远镜"项目由全球多个国家和地区的科研人员共同组成，他们利用分布在世界各地的射电望远镜，组成一台巨大的虚拟望远镜，这个虚拟望远镜的口径相当于地球的直径。科学家们希望利用这个望远镜得到更多宇宙的信息。

传说，人们可以用眼睛看到它！

2020 年的诺贝尔物理学奖颁发给了三位专门研究黑洞的科学家，根策尔和盖兹因为前面提到的成就位列其中，另一位就是霍金的合作者彭罗斯，并且他的获奖项目正好是与霍金合作的那一个！

说到这儿，一定有人禁不住眼眶湿润，假如霍金活到 2020 年，我们是不是就能看到他坐着轮椅慢慢驶上诺贝尔奖的领奖台了？如果霍金得了诺贝尔奖，照例接受瑞典国王颁奖后会发言。他会说点儿什么呢？他可是说过不少金句，他说：

"人不需要失去希望。"

"我的目标很简单，就是把宇宙整个明白，它为何存在，它为何如此。"

"如果宇宙不是你所爱之人的家园，那么一切将没有意义。"

由于使用语音合成器发声，霍金的"声音"富有金属质感，但并不晦涩冰冷，实际上霍金非常幽默，他曾说过："在我 21 岁时，我的期望值变成了 0，自那以后，一切都变成了额外的奖赏。"这个超级顽强、超级睿智的人，假如他活到 2020 年，假如他登上斯德哥尔摩的领奖台，我们将会听到一篇怎样不同寻常却感人至深的诺贝尔奖获奖感言啊。

©欧洲南方天文台

"事件视界望远镜"项目发布
的人类史上首张黑洞照片

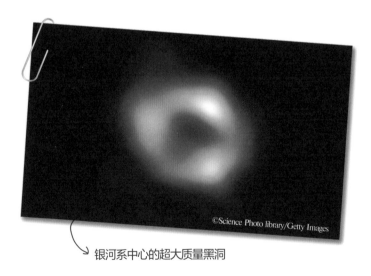

©Science Photo library/Getty Images

银河系中心的超大质量黑洞

诺贝尔奖群英谱

2020 年 诺贝尔物理学奖

- 授予 -

罗杰·彭罗斯 / 1931- 　　英国数学家、物理学家

表彰他对黑洞的发现证明了广义相对论

赖因哈德·根策尔 / 1952- 　　德国物理学家、天文学家
安德烈娅·盖兹 / 1965- 　　美国天文学家

表彰他们在银河系中央发现超大质量天体

第**2**讲

这个奖迟到了100年

它有一个诗意的名字：时空涟漪。

2015年科学家捕捉到它，2017年就因它得了诺贝尔奖。

它来自遥远的宇宙，来到地球花了13亿年，跋涉了100万亿亿千米。

不光科学界为之兴奋，新闻界也争相报道。人们说，等这个奖都等了100年啦。

你也许会奇怪：难道得奖的科学家已经100多岁啦？那倒不是。

这一次，人们心中遗憾的并不是没得奖的某个人，而是一个了不起的理论。

50 年也不会有人提出来

这个理论就是相对论。相对论很了不起吗？是的，非常非常了不起！它告诉我们，时间和空间有什么样的关系。用科学家的话说，就是相对论带给我们全新的时空观。听上去好深奥啊！还有人研究这东西？其实时空观，我们并不陌生。

在世界上所有人都理所当然地认为时间和空间是各自独立的并且永不变化时，相对论却告诉人们：它们之间是有联系的，并相互影响。科学是人类认识和探索世界最靠谱的一双眼睛，科学家的使命就是揭开五光十色的现象背后隐藏的秘密和规律。从这个意义上说，相对论颠覆了以往数千年来人类对客观世界的认识，深刻地揭示了时间和空间的真实面貌，使人类的科技水平有了飞跃式提高。

施主，请问"天上一日，地上一年"算不算一种时空观？

呃，算是一种，但这是神话，不是科学。

可令人抓狂的是，相对论太不按常理出牌了，它的每一个观点都让人目瞪口呆！

比如相对论声称，真空中的光速是宇宙中最快的，没有什么速度能超过它。呃，这一条我们暂时无法反驳，可这是怎么知道的呢？

相对论还认为，运动的物体长度会缩短一些，而且高速运动的物体经过我们眼前时，形状会变，颜色也不一样了。嘿，当我们没见过跑着的汽车、天上的飞机吗？

相对论的地位不同凡响，和量子物理一起被誉为近代物理学的两大支柱。令人咋舌的是，量子物理理论是一群大师级的物理学家你逢山开路、我遇水搭桥共同创立的，而相对论完全是爱因斯坦一手"包办"的，以后有志于此的科学家都是以爱因斯坦的理论为基础，在已经巍然屹立的相对论大厦上添砖加瓦、修修补补。

那么对于相对论，爱因斯坦自己是怎么说的呢？

相对论包括狭义相对论和广义相对论，当然都归属于爱因斯坦。他回顾说："如果我不提出狭义相对论，5 年内就会有人提出来。如果我不提出广义相对论，50 年也不会有人提出来。"

1919 年，英国天文学家爱丁顿率领一队人马，远赴非洲的普林西比岛，趁着日全食发生时观察光线经过太阳时发生的偏折，目的是验证广义相对论的一个预言。结果证明爱因斯坦说得没错。

消息传到了德国，彼时德国科学院正在开会，闻讯之后全场掌声雷动，一片欢腾。这是第一次有人用正儿八经的科学观察为这个没几个人能懂的理论做实际支持。院长疾步走到爱因斯坦面前，客气地问："爱因斯坦教授，您怎么看？"这位"大神"端坐如佛、一脸淡定，平静地说："我从没想过会是别的结果。"

好吧，"大神"就是这么自信。那就让我们来看看爱因斯坦到底是个什么样的人。

爸妈担心他"智力有问题"

被公认是 20 世纪最伟大的科学家，毫无疑问，爱因斯坦是一个聪明人，而且是这个星球上为数不多的最聪明的人里头顶尖聪明的。

按照很多人的想法，爱因斯坦应该从小就是"别人家的孩子"——重点小学门门全优，重点中学还得是实验班一类的，名牌大学……总之证书、奖状、奖学金拿到手软就对了。

可让你想不到的是，小时候的爱因斯坦压根儿不是学霸。和同龄的孩子相比，他开口说话晚，性格内向，总是一个人默默地玩或者出神。他的父母一度偷偷嘀咕：

——他爸，这娃怕不是有什么问题吧？

——嗯，我也看他智力不太行。

不但学习成绩不好，爱因斯坦还经常问一些奇怪的问题，直接把老师问到无语。

好在爱因斯坦的家境还算殷实。和当时很多德国家庭一样，爱因斯坦家会邀请一个贫困大学生每周来家里吃一顿晚餐。很快这个大学生就看出来，小爱因斯坦是个"书虫"，所以每次来，都设法给他带一些书。一个大学生哪能接触到儿童读物？学校图书馆里有什么就借什么，因此这些书涉及数学、物理、化学、地质、矿物甚至哲学，有些是科普书，有些是学术著作。甭管什么书，爱因斯坦都感兴趣，都要留下读一读，有不懂的地方就问那个大学生。从他日后的成就看，这个博览群书的经历对小爱因斯坦的成长非常有帮助，有点儿像武侠小说里的主角得了什么神功秘籍。

中学时的爱因斯坦有过被学校劝退的经历，上了大学后，他仍旧不是老师眼里的好学生，竟然还经常翘课！就像头顶光环的小说男主身边总有神助攻一样，爱因斯坦也有两位"护法"一般的同学，靠人家工整、细致的课堂笔记，才总算没有挂科留级。不过，不进班听课不等于不学，爱因斯坦更乐意自己闷头拜读大科学家的著作，拿学校当自己的实验室，别人放学他来上学，进去就一头扎在实验室里独自鼓捣，验证自学来的知识，以及他那些天马行空的想法。他还喜欢叫上要好的同学光顾学校的咖啡馆，探讨感兴趣的物理问题。

没辙! 这一届评委不行

大学毕业 5 年后，1905 年，爱因斯坦正式提出了狭义相对论，1915 年，他又更进一步提出了广义相对论。相对论具有划时代的意义，是物理学的里程碑。它和量子力学、DNA（脱氧核糖核酸）双螺旋结构一起被称为 20 世纪自然科学的三大发现。

相对论给世人呈现了崭新的时空观，和人们脑海里对时间和空间的感觉差距都不止十万八千里。它犹如天书，问世伊始，放眼世界也没几个人真正看得懂。

"这都什么乱七八糟的！"性格直率的人就这么说。"这人想法挺独特呀！"委婉含蓄的人这样表达。其中就包括著名的瑞典眼科医生古尔斯特兰德，他是 1911 年诺贝尔生理学或医学奖得主，也是诺贝尔奖的评委之一。在他看来，爱因斯坦的相对论纯粹是不靠谱的猜想。他也不管自己是物理学的门外汉，洋洋洒洒写了一篇广义相对论的评价报告，极力反对把奖授予爱因斯坦。诺贝尔物理学奖的评委、瑞典人哈瑟伯格更是在病床上义正词严地写道：

"将猜想放在授奖的考虑之列，是根本不可取的。"

然而慧眼识珠的人总还是有的。每年都有科学家提名爱因斯坦，并且越来越多的实验证明相对论是正确的，但古尔斯特兰德就是不理不睬，认定了诺贝尔奖就是不能给爱因斯坦，哪怕 1921 年，看来看去没什么合适的成果，那宁可让这一年的

物理奖空着，也不给爱因斯坦。

　　到了 1922 年，欧洲数十位顶尖科学家联名提名爱因斯坦，大有不让爱因斯坦获奖不罢休的架势。在这种强大的压力下，诺贝尔奖委员会不得不给爱因斯坦颁发了诺贝尔物理学奖。好玩的是，尽管已经是 1922 年，他们给爱因斯坦颁发的却是 1921 年空缺的物理学奖，而且还特别言明，奖励的是"对光电效应和对物理学其他领域的贡献"，给爱因斯坦的信就更划清了界限：您那个相对论，不在我们这次颁奖范围之列。

　　1955 年，爱因斯坦去世，相对论再也没有机会获得诺贝尔奖了，20 世纪最伟大的科学发现与诺贝尔奖无缘。这不能不说是一种遗憾，当然不是相对论的，而是诺贝尔奖的遗憾。

你知道自己在辐身吗？

随着时间的推移，相对论的众多推论不断被各种科学实验盖章认证，顶级科学谜题的拼图只剩下最后一块没找到——引力波。

1916 年，爱因斯坦首先预言了广义相对论的一个推论。在爱因斯坦的脑海中，时间和空间就好比一个富有弹性的超级大蹦床，宇宙中每一个有质量的东西，譬如说太阳、星星，甚至一只刚出生的小猫，都会在这个大蹦床上踩出一个凹陷，这就是爱因斯坦说的"时空弯曲"。和蹦床上的情形一样，越重的人踩出的凹陷越大，质量越大的物体引起的

阅读延伸

光电效应是指某些材料在被光照射的时候，会产生电流。这是现代太阳能电池的基础。爱因斯坦揭开了这种神奇现象的秘密，推动了量子物理学的发展。光电效应也足够拿一个诺贝尔奖，不过和相对论相比还是略逊一筹。

时空弯曲越厉害。时空的弯曲会在开始的一瞬间向外扩散，这就是引力波。嗯，这话听不懂也不太要紧，你只要知道，不管什么东西，只要它的运动速度发生变化，就会向外辐射引力波就可以了。看到这里，你是不是在空气中挥了挥手？没错！你，辐射引力波了！

引力波还有一个好听的名字，叫时空涟漪。自爱因斯坦提出引力波的设想后，就有无数科学家努力找到它，但他们统统失败了。按说甭管什么东西都在辐射引力波，那这个引力波应该到处都是，一抓一大把啊，怎么就是找不到呢？原因只有一个：引力波太弱了。我们辐射的这点儿引力波特别弱，弱到任何科学仪器都检测不出来。

那怎么办？要是环顾一圈，发现现有的条件都办不到就甩手不干，那科学就不会进步了。科学家们就是要粉碎"办不到"，使出浑身

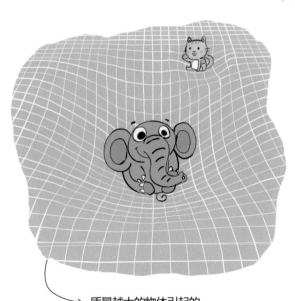

质量越大的物体引起的
时空弯曲越厉害。

解数，抓住哪怕一丁丁点儿引力波的小尾巴。

最后时刻，警报响了！

经过无数次努力，科学家们找到了两个突破口。

第一是造出精度非常高的仪器，而且这样的仪器一台还不够，因为仪器的精度越高，越容易受到干扰，也就是想听的、不想听的，都听见了。如果只有一台仪器，当它听到风吹草动时，科学家根本无法判断这是我们要找的引力波，还是哪里有只虫子在挠痒痒。

第二是要有大块头的物体"搞事情"，比如超新星爆发、星体的坍塌，或者两个黑洞碰撞，只有弄出这样的大动静，辐射出来的引力波才足够强。

于是，LIGO（读音"莱狗"）观测

阅读延伸

在《三体》里，地球人就是用引力波广播把坐标传递出去的。从科学上说，这个做法就好比你用没水的钢笔写了一篇作文，那就不要怪老师说他没看到了。让引力波去传递信息，是可以的，因为引力波可以穿越宇宙，但引力波本身是微弱的，对于接收方来说，其技术必须发展到相当水平才能发现。

站问世了。LIGO 是激光干涉引力波天文台的英文缩写。它由两台激光干涉仪组成，每台激光干涉仪有两个长 4 000 米的天线。这两台干涉仪相距 3 000 千米，分别位于美国的华盛顿州和路易斯安那州。

LIGO 超级先进，各种尖端科技保证了它超高的灵敏度，有能力探测到微弱的引力波；而数千倍于普通计算机的"神算子"能力又能让它从海量干扰信号中准确锁定引力波。只有当两台干涉仪都收到了同样的信号，才算逮到了引力波！

这真比大海捞针还难！ LIGO 建成以来一直颗粒无收。终于，一次次砸钱的美国政府对这个吞金巨兽没耐心了，表示耗不起了，这是最后一次打款，以后别再找我要钱！

谁知这一次，科学家们改进了 LIGO，把精度又提高了十倍。2015 年 9 月的一个晚上，电脑的警报响了。起初，没人敢相信这是真的，经过反复严谨的确认，2016 年 2 月 11 日，LIGO 团队宣布，他们首次探测到了引力波，这一波信号来自两个黑洞的碰撞。后来，他们又几次探测到引力波。

在爱因斯坦提出引力波后 100 年，这个猜想终于被证明是真实存在的。能够探测到引力波，意味着人类又多了一个探索宇宙的手段，以前通过天文望远镜，我们可以"看"宇宙；现在通过引力波，我们可以"听"宇宙。

2017 年的诺贝尔物理学奖授予 LIGO 项目的雷纳·韦斯、巴里·巴里什和基普·索恩，表彰他们探测到了引力波。这时，他们已经分别是 85 岁、81 岁和 77 岁的老人了。公众最感兴趣的，倒不是这个奖迟来百年，而是在这么多年的坚持中，难道他们就没想过放弃吗？然而他们说："做这些工作是因为对这个问题感兴趣，每天的研究工作就是乐趣的来源。"

 阅读延伸

13 亿年前，有两个黑洞相互靠近，其中一个的质量相当于 29 个太阳，另一个相当于 36 个太阳，它们合并成一个大约有 62 个太阳质量的巨大黑洞，损失的 3 个太阳质量以引力波的形式向外扩散。这就是 LIGO 探测到的引力波。

诺贝尔奖群英谱

THE NOBEL

1921 年 诺贝尔物理学奖

- 授予 -

阿尔伯特·爱因斯坦 / 1879-1955
德国物理学家

表彰他在理论物理学上的成就，
尤其是发现了光电效应定律

2017 年 诺贝尔物理学奖

- 授予 -

雷纳·韦斯 / 1932-　　美国物理学家
巴里·巴里什 / 1936-　　美国物理学家
基普·索恩 / 1940-　　美国物理学家

表彰他们在 LIGO 探测器和引力波探测方面的决定性贡献

你不知道的诺贝尔奖

诺贝尔奖颁奖典礼

自 1926 年以来，诺贝尔奖颁奖典礼一直在瑞典首都的斯德哥尔摩音乐厅举行，很少有例外。典礼上，瑞典国王亲自将奖颁给获奖者。

而由挪威议会选出的和平奖，自 1990 年以来一直在挪威首都奥斯陆的市政厅举行。届时挪威国王会到场，但由诺贝尔委员会主席将奖颁发给获奖者。

多次获得诺贝尔奖

红十字国际委员会已经三次获得了诺贝尔和平奖。除此之外，红十字国际委员会的创始人亨利·杜南，还是 1901 年第一届诺贝尔和平奖的获得者。

莱纳斯·鲍林是唯一一个两次独揽诺贝尔奖的人，两次分别是：1954 年诺贝尔化学奖和 1962 年诺贝尔和平奖。

第3讲

系外行星：寻找地球 2.0

它们数量庞大、遍布宇宙，却扑朔迷离。

它们有的终年笼罩在黑暗中；有的上面任何东西都有 3 个影子，天天上演日食秀；有的冰与火神奇共存，匪夷所思；有的则满是价值连城的钻石！

它们颠覆人类的认知，超乎我们的想象，比科幻还科幻，比神话更神奇。

它们，就是系外行星。

千百年来，无论东方人还是西方人都认识了数不清的星星，可在太阳系之外发现的无一例外都是恒星，一颗行星都没有！你说，奇怪不奇怪？

行星去哪儿了?

所有像太阳一样，有本事自己发光发热的星，都叫作恒星。我们熟悉的北斗星、北极星、牛郎星、织女星、天狼星就是恒星。夜晚，抬起头，你能看到的绝大多数星都是恒星。古人认为，这些星在天上的位置是恒定不动的，所以叫它们恒星。其实恒星都在运动，只是距离太远，我们难以察觉。

恒星有自己的小跟班——行星。一个"行"字透露了在古人眼里行星的特点——在天上"行走"的星星，位置不固定。在没有望远镜的年代，人们用肉眼能看到的行星只有水星、金星、火星、木星和土星。在望远镜的视野里，天王星和海王星也来报到了，还有一众矮行星和小行星。

自从意大利人伽利略发明天文望远镜以后，这种观星神器激起了无数天文学家的兴趣，他们晚上不睡觉，架起望远镜不辞辛苦地找啊找，找到了更多神秘的星体。让人不甘心的是，发现的行星统统都是太阳系"土著"，太阳系外的行星一个都没看到。

之所以会发生这样的情况，原因也不难理解，行星不像恒星那样会发光。比如我们能看到月亮，是因为月亮反射了太阳

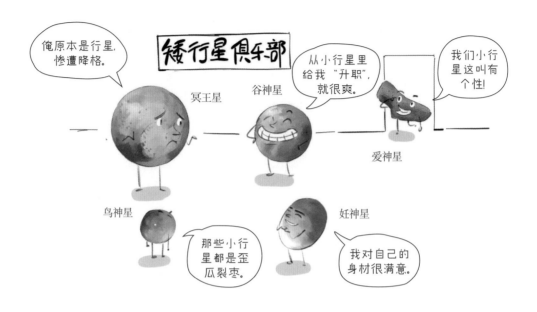

光，系外行星会不会反射其他恒星的光呢？答案是：会的，但太弱了！望远镜根本捕捉不到，于是系外行星就这样集体"隐身"了。

系外行星就这样孤傲地退出了"天上好友列表"，人类要想了解它们，可太难了！以至于很长时间里，几乎各国的天文学家都对探索系外行星断了念想。

真的就没办法看到这些星了吗？毕竟是一个大家伙啊，还一刻不停地动，总会留下一些蛛丝马迹或者引起什么风吹草动吧？

别藏了，看见你了!

假设你现在摇身一变，变成一位老师，正站在操场最前端的高台上，带领全校同学参加庄严的升旗仪式。

你面前的操场上，同学们列队整齐，每个人都站得笔直，没有人会在这个时候随意乱动。这时，你当然看不到操场上哪里有蚊子，但是如果你看到一名小同学，忍不住用手挠痒痒，也许就能猜到他周围可能有一只讨厌的蚊子在捣乱。

因此，同学的异常举动导致你间接"看到"操场上有蚊子。

用类似这样的思路，我们能不能看到一些系外行星呢？有没有"挠痒痒"的恒星呢？

有一点是可以肯定的，那就是系外行星也在绕着它们的"太阳"公转，就像小宝宝总是围着妈妈一样。我们把这些"太阳"叫作行星的母星。由于万有引力的作用，行星们的运动会使它们的母星产生微小的抖动。

不过，这种抖动不会像人挠痒痒那么明显，事实上，母星的抖动特别微小，别指望我们能在地球上看到。然而，就是这种微小的抖动却影响了母星发出的光，光也"抖"了。用物理学家的话说就是，光的频率发生了变化。这是能测量出来的，

阅读延伸

站在火车站台，我们会注意到：进站的火车发出的鸣笛声格外尖厉刺耳，停着的火车鸣笛就没这么刺耳。这是因为运动的火车发出的声音频率会发生变化，这叫多普勒效应。母星因为抖动，发出的光的频率发生变化也是这个缘故。

那好了，算是间接抓到"挠痒痒"了！如果我们能测出一颗恒星发出的光的频率发生了变化，就能够发现在母星身边活动的行星。

这个方法是 1995 年瑞士天文学家米歇尔·马约尔和他的学生迪迪埃·奎罗兹贡献的。当然，这种测量可并非轻而易举就能做到，需要极高的精确度。

一颗名叫"飞马座 51"的母星成了马约尔师徒锁定的观察目标。这是一颗位于飞马座的恒星，距离地球约 50 光年。在天气晴朗的夜晚，我们可以用肉眼直接看到它。了不起的中国人在古代就发现了它，命名为"室宿增一"。马约尔和奎罗兹之所以选择飞马座 51，是因为它很像是太阳的双胞胎兄弟，质量约是太阳的 1.1 倍。这就有意思啦！飞马座 51 的行星里会不会藏着宇宙中的另一个地球呢？

1995 年，马约尔和奎罗兹在飞马座 51 的附近，找到了第 1 颗系外行星，命名为飞马座 51b。这种命名方式是有规则的：

"飞马座 51" 代表了这颗行星的母星，而字母 "b" 代表它是这颗母星 "手下" 第 1 颗被人类发现的行星，要是以后再发现其他行星呢，就用 c、d、e……顺着往下取名，倒是一目了然，不过挺没趣的。有人就不喜欢这种死板的命名方式，于是就以希腊神话中英雄的名字 "柏勒洛丰" 称呼它！

这下，马约尔和奎罗兹算是立了大功！马约尔自己说，在他和弟子发现飞马座 51b 的时候，算上他们俩，全世界只有 10 个人在寻找系外行星，那另外 8 位 "珍稀" 同行其实是 4 个两人小组。因为系外行星太冷门了，没人愿意碰这个荒漠一般的研究领域。马约尔和奎罗兹的方法，让系外行星成了等待发掘的宝藏，各国天文学家纷纷照方抓药也去找系外行星。人多力量大，到目前为止，已经找到 5 000 多颗了。

马约尔和奎罗兹获得 2019 年诺贝尔物理学奖。

快看看，有外星人吗？

机会来了！飞马座 51 不是和太阳很像吗？飞马座 51b 是它的行星，会不会是另一个地球呢？

快！趁热打铁，要是发现上面有外星人，哪怕是奇葩的外

星生物，那不是又一个诺贝尔奖到手了吗？

谁知，飞马座 51b 完全超出了人们的想象。

在我们的太阳系里，有严格的一套"家规"：水星、金星、地球和火星，和太阳距离比较近，都是短小精悍的固态行星，统称为类地行星，就是说和地球类似；外面的土星、木星、天王星和海王星，离太阳远，都是身躯庞大的气态行星，统称为类木行星，意思是和木星类似。太阳系所有的行星都在自己的轨道上运动，井水不犯河水。要是有谁擅离轨道，那可就天下大乱了！

本想着，其他恒星家族也遵守太阳系这套"家规"，谁知科学家们打量一番飞马座 51b 后，惊讶地发出了三连问：

它怎么这样？

它怎么在这儿？

啊，还有它这样的吗？

飞马座 51b 不像地球是固体的，它是一大团气体组成的行星，这一点很像木星。它的质量不如木星，但温度很高，因为热胀冷缩，所以体积惊人。科学家猜测，一个飞马座 51b，可能有两个木星那么大！

飞马座 51b 作为一颗类木行星，却偏偏和母星距离很近！这就奇怪了：在每一个星系形成的时候，在母星附近，根本没有足够的材料产生庞大的类木行星，那么飞马座 51b 是怎么完成自己的野蛮生长的呢？

飞马座 51b 并不是行星队伍里唯一的"异类"，在随后发现的系外行星中，科学家们又发现了很多像飞马座 51b 这样不肯循规蹈矩的行星，它们都是类似木星的气态巨行星，温度又都特别高，干脆就叫它们"热木星"吧。

热木星的发现完全颠覆了天文学家们对行星系统的认知。经过仔细的研究，科学家们揭晓了热木星的"叛逆"历程。

　　原来，其他星系的"家规"与太阳系的"家规"类似，在这些星系刚形成的时候，它们的类木行星也老老实实地在距离母星较远的地方坚守岗位，像一位镇守边疆的大将，一心戍边。星系犹如一个王国，秩序井然。

　　俗话说"儿大不由娘"，当这颗类木行星长到一定个头儿时，就在引力的"怂恿"下开始朝着母星的方向慢慢移动。这还得了！这一动，风云为之变色，母星周围陷入水深火热。热木星自身巨大的引力会把母星身边的类地行星一个个撕碎或攇走，仿佛妄图篡位的王子无情地除掉自己的兄弟。因此只要有热木星，这个星系里的类地行星就几乎都被剿灭，很少有幸运儿。

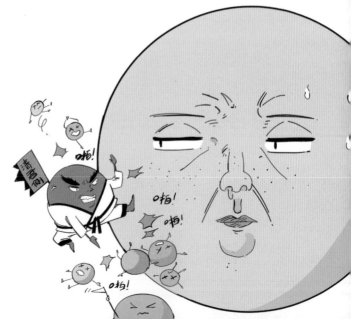

一步一步，距离母星越来越近，热木星表面的温度越来越高，开始膨胀。它真的能"篡位"成功吗？母星会眼睁睁地看着它威胁自己的地位吗？当然不会！母星毕竟才是这个星系王国的绝对统治者，压倒性的质量优势让它成为万有引力的终极玩家！热木星上的物质会在引力的作用下离开行星，奔向母星。就这样，热木星一点一点地失去质量，最终被母星彻底吞噬。

幸运的我们

太可怕了！谁能想到，看起来宁静浪漫的星河里曾经上演这么惨烈的杀戮呢？

太阳系的木星有没有野心？会不会也一路杀来，拳打火星，脚踢地球，那我们可就危险了。

不用担心！至少现在木星还很老实。有一种假说认为，在太阳系形成初期，木星也曾经野心膨胀、蠢蠢欲动。幸运的是，太阳系的另一员猛将镇住了它，那就是木星外面的土星。木星的叛逆之路还没有走多远，土星就长到能担当大任的个头儿，和木星势均力敌，这"哼哈二将"的引力互相影响又相互制约，

阅读延伸

有理论认为，宇宙中大部分恒星系统都有两个或多个恒星。而我们的太阳系却比较特殊，因为没有足够的物质，木星梦断恒星路，没能长成恒星，只有太阳成功走完了恒星的演化之路，成为星系里唯一的恒星。

这下太阳系的头号行星和第二大行星都找到了属于自己的稳定轨道。从此，木星安分守己，土星尽心尽责，太阳系稳定运行、风调雨顺，我们人类得以在太阳系内诞生。

但木星的膨胀也已经产生了意想不到的后果：它使得一颗萌发中的大行星彻底失去了长大的机会，成了横亘在木星和火星之间的小行星带；它使火星因为"营养不良"，长成了一颗身材娇小的行星；它还把大量的含水物质推向太阳系的内部，我们的地球因此有幸成为一颗蔚蓝色的美丽星球，拥有辽阔的海洋，最终孕育出了生命，精彩纷呈！

看，我们多幸运哪！

能找到外星人吗？

我们的地球如此独特，它会是宇宙中唯一有生命的星球吗？

宇宙这么大，就没有其他星球也适合人类居住吗？

未来，我们能不能在宇宙的某个地方建立新的家园？

发现飞马座 51b 以后，马约尔就开始一门心思寻找系外行星，并且硕果累累。在他即将退休的那一年，也就是 2007 年，他和另外一些天文学家合作发现了吉利斯 581c，这是科学家们发现的第一颗可能适合人类居住的类地行星。

吉利斯 581c 位于天秤座，距离地球大约 20.5 光年。科学家推测，它的质量大约是地球的 5.5 倍，体积是地球的 1.5 倍。应该说，目前对这颗星球的了解还很有限，但对科学家们来说，这个发现是一个里程碑，它意味着人类对宇宙的观测能力又上了一个新的台阶。现在，科学家已经发现了好几个宜居星球。

尽管已经跨过了古稀之年，但马约尔仍然不知疲倦地寻找系外行星，这也是当前天文学中令人兴奋的前沿地带。他的观测仪器安装在智利著名的阿塔卡马沙漠中，这是举世公认的世界最佳观星地点。2019 年 10 月 29 日，马约尔应邀来到上海，参加第二届世界顶尖科学家论坛。有人向他提问：未来人类能否移居到一个系外行星上？他不假思索地回答：不可能！如果你认为，人类有一天会因无法在地球上生存，而想着移居到一个其他星球，那么，你不应该有这种想法。他解释说："即使是离地球最近的宜居系外行星，也远隔几十光年，以人类目前的科技水平根本无法抵达。"看来，我们还真得要倍加珍爱我们的地球啊！马约尔还在论坛上发表了主旨演讲，在演讲的结尾，他向现场听众发出了"灵魂拷问"：

"你们觉得其他星系，真的有生命存在吗？"

你觉得呢？

阅读延伸

宇宙里只有很少的地方有星，绝大部分空间空空荡荡，有些地方充斥着气体和尘埃。这些气体和尘埃被万有引力束缚在一起，称为星云。星云中要是某处密度比较大，就会在万有引力的作用下收缩。星云在收缩过程中，质量小的最后可形成一颗恒星；质量大的会形成多个中心，这样日后就会诞生多个恒星。

诺贝尔奖群英谱

2019 年 诺贝尔物理学奖

- 授予 -

詹姆斯 · 皮布尔斯 / 1935~   美国物理学家

表彰他对宇宙学的相关研究

糨歇尔 · 马约尔 / 1942~   瑞士天文学家
迪迪埃 · 奎罗兹 / 1966~   瑞士天文学家

表彰他们首次发现了太阳系外行星

你不知道的诺贝尔奖

诺贝尔奖不授予去世的人?

从 1974 年开始,诺贝尔基金会章程规定,诺贝尔奖不授予已去世的人,除非该人是在诺贝尔奖获奖名单宣布后去世的。而在 1974 年之前,诺贝尔奖只有两次被追授给已逝者:达格·哈马舍尔德(1961 年诺贝尔和平奖)和埃里克·阿克塞尔·卡尔费尔德(1931 年诺贝尔文学奖)。

2011 年诺贝尔生理学或医学奖公布后,人们发现得主之一拉尔夫·斯坦曼在三天前去世了。诺贝尔基金会理事会审查了各项章程,最终得出结论,认为拉尔夫·斯坦曼应继续保有诺贝尔奖得主的身份,因为诺贝尔委员会是在不知道他已去世的情况下宣布了当年的获奖得主。

第4讲

隧道效应：现代版崂山道士

如果有一天，你放学回家发现自己没带钥匙，而家里又没人。你会怎么办？是给爸爸妈妈打电话，还是先去同学家玩一会儿？

这时候，如果有一个叫江崎玲于奈的日本人站在你旁边，可能会告诉你：用身体撞门，只要撞的次数足够多，你就有可能穿门进去！

呃，别误会！他是科学家，不是崂山道士。他还是日本第三位科技领域的诺贝尔奖得主，得的是诺贝尔物理学奖，不是馊主意奖。

他真的不是忽悠你。不过他的话，也是有前提的……

小时候，他想当"爱迪生"

20世纪30年代，日本大阪，一个建筑师的家里回荡着悠扬的音乐，建筑师眉清目秀的长子听得入了迷。音乐是从留声机里流淌出来的，了不起，太了不起了！这个神奇的机器竟然能发出如此美妙的声音。通过阅读科学家传记，这个男孩已经知道了留声机的发明人是美国的发明大王——托马斯·爱迪生，他憧憬着自己长大以后，也能成为爱迪生那样的人。这个孩子就是江崎玲于奈。

经过一番努力，江崎考入了东京大学攻读物理学。江崎读大学期间，正赶上第二次世界大战。偷袭珍珠港事件，让美国和日本彻底撕破了脸，美国陆军航空队派出大批B-29轰炸机对日本东京进行战略轰炸，史称"东京大轰炸"。东京成了世界上遭受常规轰炸损毁最严重的城市，全城一半的房屋被烧毁，也包括20岁的东京大学学生江崎玲于奈租住的宿舍。这段经历使江崎走上了一条和其他日本诺贝尔奖得主截然不同的职业道路，看着满目疮痍的街道，他希望投身战后重建工作。于是大学毕业后，他没有留在大学从事纯粹的研究和学术工作，而是进入了企业工作。兜兜转转，他加入了东京通信工业株式会社，这就是后来名动全球，在电子行业创造过辉煌业绩的索尼公司。

在公司里，我们的诺贝尔奖得主也只是一个勤勤恳恳的打工人，干的都是技术活。他负责锗、硅等半导体材料，以及晶体管性质的研究。要知道，江崎耕耘的领域可是那个年代的科技前沿，有句话说得好——"时代造就英雄"，那么从小就想当爱迪生的江崎又会书写怎样的传奇故事呢？

真的有"崂山道士"？

1957 年，江崎玲于奈和助手在研究过程中发现了一个奇怪的现象：在一种型号为 2T7 的高频晶体管的两端加上电压时，电压越高，电流却越小。

怎么会这样呢？毕业于东京大学物理学科的江崎，自然熟知欧姆定律，而且他也在实验室里经历了无数次，从来都是电压越高，电路中的电

根据欧姆定律，

一段电路两端电压越大，电流越大。

流就越大。怎么会电压高上去，电流倒小了呢？这太反常了！

在江崎玲于奈看来，之所以会出现这种反常情况，都是隧道效应惹的祸。

什么是隧道效应呢？嗯，对于高深的隧道效应，我们不妨这样去理解。

假如你现在在一座大山脚下，你想到山的那一边去玩，在没有交通工具的帮助下，你只有两个选择：

1. 爬山，翻过山去；

2. 绕路，绕过这座山。

除此以外，作为人类，你恐怕没有其他的选择。

可假如你缩小缩小再缩小，小到肉眼都看不见，只有 0.000 000 000 000 001 米那么一点点大——在个头上可以跟质子称兄道弟了，那么你就成了一粒科学家所说的微观粒子。在神秘的微观王国里，很多"咄咄怪事"是我们身处宏观世界的人不能理解的，也是在宏观世界里绝不可能发生的。在那里，所有微观粒子必须遵从的"规矩"叫作量子物理学。在量子物理学的作用下，你就有可能穿山而过！不开玩笑！就像动画片里的崂山道士穿墙而过那样。不过，并不是每一粒微观粒子都能穿过这座山，只有一部分"运气"好的粒子可以。当然，这

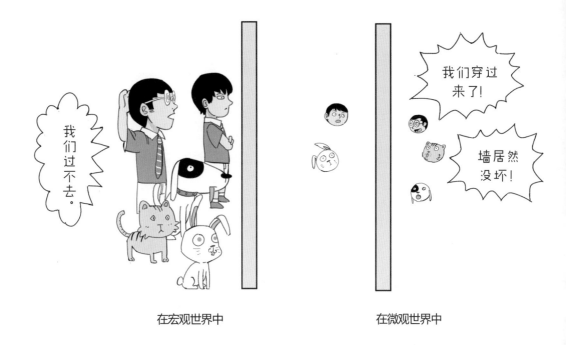

在宏观世界中　　　　　　　在微观世界中

种"运气"不是像崂山道士那样念咒来的，而是和粒子自身的能量，山的高度、宽度等因素有关。这就是量子物理学中的隧道效应。听上去是不是和崂山道士的穿墙术有一比？

其实，早在江崎的实验发现之前，就有科学家预言了隧道效应的存在。可是想归想，说归说，谁也没有真的见过。这一次，江崎玲于奈的发现证明了人们长期苦苦找寻的隧道效应，不是传说中的海上仙山，它的的确确存在！别忘了，江崎是研究什么的呀？他研究半导体，他的发现证明：半导体材料中就存在隧道效应。

　　随后，利用自己的成果，江崎玲于奈发明了一种新型的半导体器材——隧道二极管，也有人叫它江崎二极管。这种二极管有自己的独门绝技，因此特别受欢迎，什么开关电路、微波电路，还有各种高频电路中都需要它。20 世纪中后期，正是索尼公司在电子产品领域攻城拔寨、一路高歌猛进的黄金时代，不用问，江崎发明的隧道二极管产生了巨大的商业价值！

不会打台球的桥牌手，不是好的诺奖得主

　　"如果你把一个网球扔到墙上足够多次，最终它在不损坏墙壁和自身的情况下穿过去，这肯定和获得诺贝尔奖难度相当！"

　　如果你听了隧道效应，觉得这就像睁眼说瞎话或者以为自己听错了，特别想抓住个人问问"这是真的吗？"，那一点儿也不用难为情，更不用觉得自己脑子不够用，理解不了这么高深的知识。你看！接下来我们要认识的这位诺贝尔奖得主，在刚听说隧道效应的时候，也觉得匪夷所思。上面那段话就是他凭借隧道效应的相关发现，荣登诺贝尔奖的领奖台时说的，"网球穿过墙壁"的比喻就是指隧道效应和他的生活经验完全背离，

他毫不讳言自己曾经对这件事感到难以接受。

这个人就是伊瓦尔·贾埃弗。江崎玲于奈发现半导体中存在隧道效应后，贾埃弗在实验中发现了超导体中也存在隧道效应。不过，他的人生轨迹和江崎截然不同。

江崎玲于奈就是典型的"别人家的孩子"，从小立志，目标明确，勤奋刻苦，名校毕业。而贾埃弗在学生时代，却刚好相反！在大学里，他不好好念书，还胆敢翘课，日子不是被他消磨在台球厅里，就是桥牌桌上，结果数学成绩在及格线上挣扎，物理还差点儿挂科。在他获奖后，奥斯陆的一份报纸登出大致如下的标题："台球和桥牌界的大师，在物理上几乎不及格，却获得了诺贝尔奖。"

然而，这位记者老兄不知道的是，中国人的一句老话"浪子回头金不换"用在贾埃弗身上再合适不过了。大学毕业后，贾埃弗在工作和生活中遇到了不少挫折，这让贾埃弗醒悟，自己之前浪费了大好时光。知耻而后勇，他决定缺什么补什么，哪里不会就从哪里学起，边学边干，最终有了了不起的发现。

1962 年，年仅 22 岁的剑桥大学在读研究生布莱恩·约瑟夫森提出，假如在两块超导体之间加入一片很薄的绝缘体，就像做三明治那样，那么一块超导体中的电子有可能再次上演

"穿墙大法"——穿过绝缘体，进入对面那块超导体。这个现象被称为约瑟夫森效应。很快，有人做实验证实了约瑟夫森不是胡说八道，还真有这么回事。就这样，一个崭新的物理学分支——超导电子学诞生了。

1973 年，江崎玲于奈、贾埃弗和约瑟夫森三人共享了当年的诺贝尔物理学奖。

那一年，约瑟夫森只有 33 岁，非常年轻。不过就如流星划过夜空，约瑟夫森的光辉也只有这么一瞬间，在这以后再也没什么建树了。

阅读延伸

1911 年，荷兰人昂内斯发现，当温度降到 −269℃以下时，水银的电阻突然降为 0，意味着电可以没有任何阻碍和损耗地通过。不止水银，锡、铅等金属也有类似的表现。这种现象就叫超导电性，电阻为 0 的物体叫超导体。昂内斯因此获得 1913 年诺贝尔物理学奖。

扫描隧道显微镜

隧道效应的应用非常广泛，其中最有名的还要数扫描隧道显微镜。

普通的光学显微镜能把物体放大 1500 倍，让我们看到细胞和细菌，但比 0.000 000 1 米更小的东西，光学显微镜就无能为力了。后来，人们发明了电子显微镜，放大倍数约 100 万倍，能看到细胞的亚显微结构，比光学显微镜厉害多了。然而，人们一直心心念念的原子，尽管众多科学家像跑接力赛似的，研究出原子的内部结构，但原子的"单人大头照"，人类还一直没见过呢。电子显微镜可没那个本事看到原子。怎么才能让人类好奇的目光延伸到微观世界深处呢？

阅读延伸

1590 年前后，眼镜工匠詹森把两个凸透镜前后放置，发现物体的细节变得十分清楚。光学显微镜就是这样偶然诞生的。20 世纪 30 年代，德国人鲁斯卡和克诺尔研制出第一台电子显微镜，放大倍数达到 12 000。

人类可利用隧道显微镜移动单个原子，制造出各种分子机器人，例如可用于医疗的"分子医生"。

　　隧道效应的发现让科学家们眼前一亮，这个可以！

　　1981 年，IBM 苏黎世研究中心的德国物理学家格尔德·宾宁和瑞士物理学家海因里希·罗雷尔在瑞士苏黎世共同发明了扫描隧道显微镜。这种显微镜可以让我们一睹单个原子的"芳容"。

　　不仅如此，利用扫描隧道显微镜还可以挪动单个原子，让它们排列成我们需要的样子，或者加工出我们想要的分子。这简直就是微观世界的加工神器啊！扫描隧道显微镜也因此成为科学家们的新宠，利用它取得的研究成果层出不穷。扫描隧道显微镜被评为整个 20 世纪 80 年代的世界十大科技成就之一。

宾宁和罗雷尔因此获得了 1986 年诺贝尔物理学奖。

哦，对了！你一定还记挂着没带钥匙怎么进门的事儿呢吧？真的能暴力出奇迹吗？还记得我们开头说过要有前提吗？前提就是你是一粒微观粒子，质子、中子、电子、光子……随便哪个都可以，因为隧道效应在它们身上才效果显著，对于宏观物体，不好意思，你只能穿过空气，墙和门就别想了！

所以要想进门，还得拿到钥匙才行。

诺贝尔奖群英谱

1973 年 诺贝尔物理学奖

- 授予 -

江崎玲于奈 / 1925- 日本物理学家
伊瓦尔 · 贾埃弗 / 1929- 美国物理学家

表彰他们分别在半导体和超导体中发现了隧道效应

布莱恩 · 约瑟夫森 / 1940- 英国物理学家

表彰他在理论上预测了被称为约瑟夫森效应的现象

1986 年 诺贝尔物理学奖

- 授予 -

格尔德 · 宾宁 / 1947- 德国物理学家
海因里希 · 罗雷尔 / 1933-2013 瑞士物理学家

表彰他们设计了扫描隧道显微镜

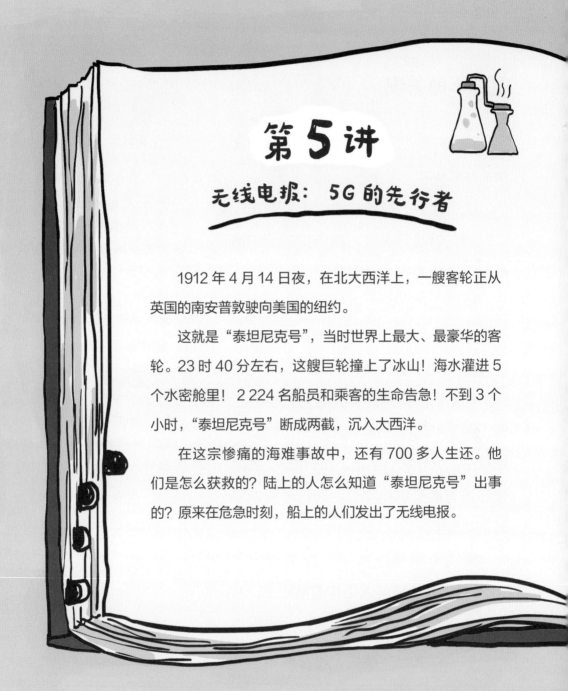

第**5**讲

无线电报：5G 的先行者

1912 年 4 月 14 日夜，在北大西洋上，一艘客轮正从英国的南安普敦驶向美国的纽约。

这就是"泰坦尼克号"，当时世界上最大、最豪华的客轮。23 时 40 分左右，这艘巨轮撞上了冰山！海水灌进 5 个水密舱里！2 224 名船员和乘客的生命告急！不到 3 个小时，"泰坦尼克号"断成两截，沉入大西洋。

在这宗惨痛的海难事故中，还有 700 多人生还。他们是怎么获救的？陆上的人怎么知道"泰坦尼克号"出事的？原来在危急时刻，船上的人们发出了无线电报。

笔尖上的发现

－..－..－.. －－.嗒嘀嘀嗒嘀嘀嘀嗒嘀嘀嗒嗒嘀

这是什么？好端端的书上怎么出现了乱码？哈哈，这是一串电报的莫尔斯码，它的意思是：告诉我！

告诉你什么呢？告诉你无线电报的故事。一切要从19世纪的英国物理学家詹姆斯·麦克斯韦讲起。

麦克斯韦特别厉害，绝对是当时世界上最了不起的物理学家之一。可惜呀，他早生了100年，活在了19世纪，那时候还没有诺贝尔奖呢。否则，麦克斯韦肯定能拿奖。

麦克斯韦做什么了不起的事了？1865年，在总结前人工作的基础上，麦克斯韦提出了一个方程组，这个方程组太重要了，被称为麦克斯韦方程组。麦克斯韦方程组属实挺复杂，恐怕你要到大学才能学到。不过别担心！这里并不是让你解这个方程组，俗话说，解方程还须列方程人，人家麦克斯韦三下五除二自己就解了。

麦克斯韦在研究这个方程组时发现：电场和磁场在相互转换的过程中，会以波动的形式向外辐射能量。麦克斯韦把这个波叫作电磁波。没想到吧？电磁波并不是被什么精密仪器搜索探测到的，而是伴随着笔尖在草稿纸上飞驰的唰唰声被发现的。根据麦克斯韦方程组，电磁波在真空中的速度约为 30 万千米每秒。

等等！这个数，眼熟啊！

对了！这不是光速吗？当时，已经有科学家精确地测量出

$$\nabla \times \boldsymbol{H} = \boldsymbol{J} + \frac{\partial \boldsymbol{D}}{\partial t}$$

$$\nabla \times \boldsymbol{E} = \frac{\partial \boldsymbol{B}}{\partial t}$$

$$\nabla \cdot \boldsymbol{B} =$$

$$\nabla \cdot \boldsymbol{D} =$$

光就是一种电磁波。

光速是 30 万千米每秒。这么巧啊！居然电磁波的速度和光速一样！

啊，这就是电磁波？

虽然麦克斯韦从理论上预言了电磁波，并且认定光就是电磁波，可是直到 1879 年他离开人世，人们也没能找到电磁波。直到 1887 年，德国物理学家亨利希·鲁道夫·赫兹才第一次在实验室中"捉住"了电磁波。

你是不是觉得电磁波听起来很神秘，八成是令人生畏的高科技，和一些复杂的仪器、闪烁的屏幕、密密麻麻的按钮有关……那你想多了！其实，电磁波就在我们身边，你和它们早就是"老熟人"了。

稍息！立正！

现在，我们就让电磁波家族的老老小小，按波长的长短站成一排。这个队伍学名叫作电磁波谱。

向前看！

电磁波家族列队完毕，请你检阅！

电磁波家族里，可见光应该是你最熟悉的了，对！就是你

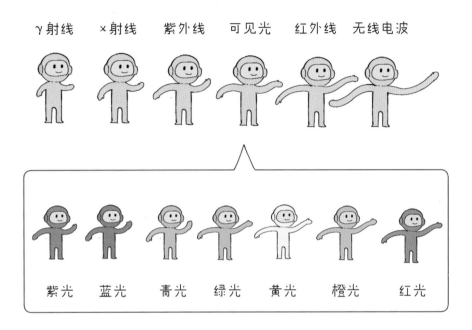

能看见的光。可见光，很容易理解。

手机发出的光是可见光吗？

彩灯发出的光是可见光吗？

焰火发出的光是可见光吗？

蜡烛发出的光也是可见光吗？

还有，太阳发出的光，能说是可见光吗？

统统都算！红橙黄绿青蓝紫，各种颜色，只要你能看见的光，就都是可见光，也都是电磁波。

在电磁波的队列中，紧挨着可见光左边的是紫外线，想必你也耳熟吧？紫外线对生命不算宽厚，正好我们可以用它来杀菌、消毒。而人如果长时间晒太阳，会被晒黑，这其实就是紫外线在暗戳戳地给你"抹黑"。大气中的臭氧层则可以保护我们免受紫外线的伤害。

紫外线的旁边是 X 射线，大概你也不陌生。你在医院拍过 X 光片或者 CT 吗？这些都是医生在利用 X 射线的穿透能力，洞悉身体的内部，检查有没有疾病。1901 年，德国物理学家伦琴因为发现 X 射线而获得首届诺贝尔物理学奖。

X 射线的旁边是 γ（读作"伽马"）射线，这可是个厉害的狠角色，能杀人于无形。好在医生们变害为宝，用它来为病人治疗肿瘤。

在电磁波的队列里，紧挨着可见光另一边的是红外线。可别说你不认识它，谁帮你打开空调和电视机的？遥控器就是靠红外线控制空调和电视机的。而且所有的人和动物也都在不停地向外辐射红外线。

红外线的右边是无线电波。它的用处可大了！电视机、广播、互联网、微波炉、雷达……都离不开无线电波。

第一个用上电磁波的人

1895 年，意大利人伽利尔摩·马可尼第一次看到了赫兹的实验结果，也第一次知道了电磁波的存在。那一年，马可尼只有 21 岁。

马可尼出生在意大利北部名城博洛尼亚，一出生就含着金汤勺，家里的生活十分优渥。13 岁时，眼界开阔的马可尼对物理产生了浓厚的兴趣，尤其爱鼓捣电学实验，那也正是一个电学大发展的时代。虽然他不怎么上学，但父母聘请了老师来家里辅导他，精明又富有的父亲有一个家庭图书馆，藏书相当丰富，少年马可尼在这里如饥似渴地阅读了很多感兴趣的书

我这也是用上电磁波了吧？

呃……算是。

籍。对于马可尼喜欢做电学实验这个爱好，开明的母亲一直鼓励支持，还提供场地，把家里养蚕的房间腾出来给马可尼做实验。凭借这样的条件，加之马可尼自己聪明好学，尽管第一次接触电磁波，但他敏锐地意识到，电磁波能跑得这么快，又能翻山越岭，远涉重洋，要是能用它来传递信号，那可太有用了！比如陆上的人就可以直接和远航船上的人联络，随时知道船到了哪里；欧洲大陆的人和美洲大陆的人，隔着大西洋也可以通过电磁波互发消息，那可比写信要快多了。

阅读延伸

1876 年，苏格兰裔美国人亚历山大·贝尔发明了世界上第一台电话机。这是一种把声波转换成电信号，再把电信号还原成可以听的声波的电子装置。后来，他创办了著名的贝尔电话公司。

因为这样传输的信号不需要电线，所以中国人把它翻译成"无线电"。

马可尼立即投入这方面的研究。很快，他发明了第一个无线电装置，并在自家庄园的阁楼里试验他的无线电装置。如果信号成功传出去，就会弄响一个金属铃。起初，无线电信号只能传输 8.2 米，但马可尼还是非常开心。他用这种传信号打铃的方式叫醒了正在熟睡的母亲，一起分享他的快乐。随后，马可尼不断改进自己的装置。

8米，

800米，

2400米，

…………

马可尼成为发现电磁波可以传递信息并成功付诸实践的世界第一人。

继承了老爸的精明和财商的马可尼，在1896年，就和英国邮政总局开展合作，在英国申请了"利用赫兹波发电报"的专利，并一不做二不休地也在美国申请了专利。那为啥没在意大利申请呢？因为他的祖国彼时还没有这个眼光，硬是没有看到无线电报的巨大价值。1899年，无线电波穿越了英吉利海峡，在法国和英国之间建立了无线通信。1901年更是跨越了大西洋，让英国人

和加拿大人可以通过无线电联系。

1909 年，一艘名为"共和国号"的汽船由于碰撞遭到毁坏而沉入海底。这事要放在过去，如果出事船只附近没有其他船经过，那么叫天天不应，叫地地不灵，船只上所有人都只能眼睁睁地等死。而这一次，"共和国号"上安装的无线电装置大显神威，船员及时发出求救信号，有人来救了！最终，这艘船上只有 6 个人遇难，其他人员全部获救。

同年，马可尼和卡尔·费迪南德·布劳恩共同获得了诺贝尔物理学奖。布劳恩是德国物理学家，他从物理学理论上完善了马可尼的想法，还改进了无线电发报机和接收机，使得无线电报的实用价值更高。

第一次世界大战期间，马可尼成为一名意大利军人。他在军队中安装了无线电装置，使得命令的传达和情报输送变得轻

阅读延伸

　　布劳恩的另一大贡献是发明了阴极射线管，也有人叫它布劳恩管。19 世纪末，研究阴极射线管是当时的热门，伦琴就是在研究阴极射线管时发现 X 射线的。后来，经过改进的阴极射线管被用于电视机、计算机等电子设备的图像显示，就是显像管。

而易举。在随后的历次战争中，利用无线电、干扰无线电、破解无线电都成为军官们的必修课。这也是现代电子战的先驱。

一"波"未平一"波"又起

1932 年，马可尼进行了一次对世界影响巨大的实验——微波无线电话通信，翻译成大白话就是我们今天手机通话的雏形。

就这样，移动通信技术慢慢兴起，直至 1973 年，世界上第一部商用无线电话在美国诞生。整个 20 世纪 80 年代，第一代移动通信技术盛行，就是我们说的 1G。移动通信日新月异，用的技术也经历改朝换代。G 就是英文 generation（意思是一代、一辈）的缩写。历经了 2G、3G、4G 时代，如今 5G 手机正逐渐走进千家万户，给我们的生活带来更多便捷和意想不到的变化，实现万物互联。目前，我国的 5G 技术处于全球领先地位。

在当今通信技术发展得波澜壮阔的时代，当我们追"波"溯源，会发现无论是 5G，还是 Wi-Fi，都离不开无线电波。可以说，它是 5G 的先行者。

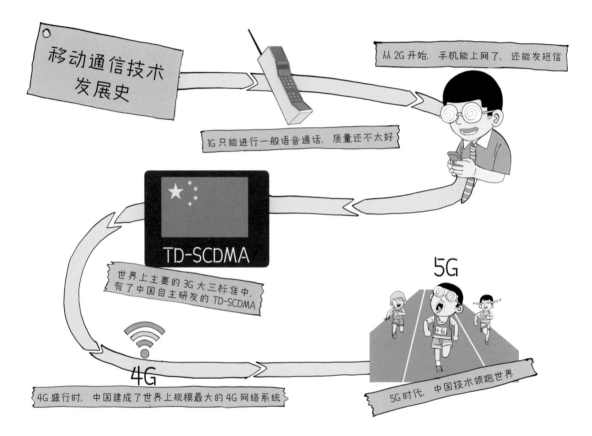

移动通信技术
发展史

1G 只能进行一般语音通话，质量还不太好

从 2G 开始，手机能上网了，还能发短信

TD-SCDMA

世界上主要的 3G 大三标准中，
有了中国自主研发的 TD-SCDMA

5G

5G 时代，中国技术领跑世界

4G

4G 盛行时，中国建成了世界上规模最大的 4G 网络系统

诺贝尔奖群英谱

1909 年 诺贝尔物理学奖

- 授予 -

伽利尔摩·马可尼 / 1874-1937　意大利无线电工程师
卡尔·费迪南德·布劳恩 / 1850-1918　德国物理学家

表彰他们对无线电报发展的贡献

PRIZE

你不知道的诺贝尔奖

没有诺贝尔奖的年份

自 1901 年诺贝尔奖设立以来，有一些年份部分类别的诺贝尔奖没有颁发，总次数是 49 次。其中大部分发生在第一次世界大战（1914—1918）和第二次世界大战（1939—1945）之间。除此之外，诺贝尔奖委员会抱着宁缺毋滥的原则，如果在专业领域没有足够的贡献，所有的奖金会保留到下一年，如果第二年依旧没有符合条件的人，奖金则会归入基金会的基金中。

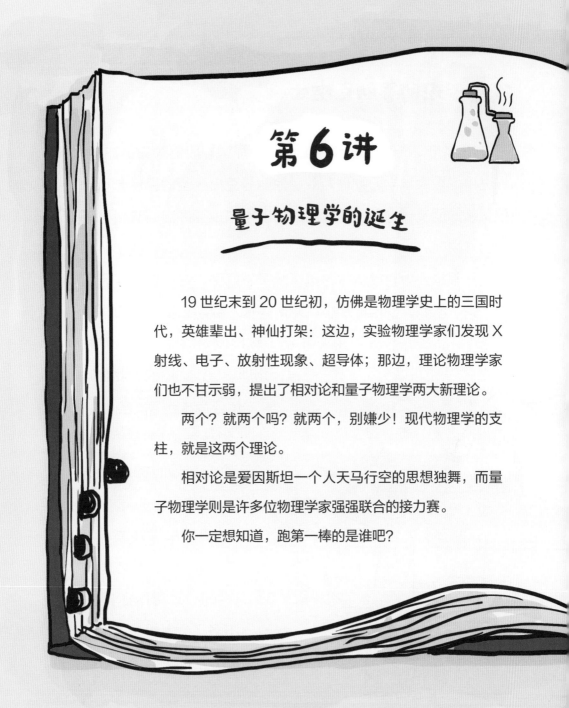

第6讲

量子物理学的诞生

19 世纪末到 20 世纪初，仿佛是物理学史上的三国时代，英雄辈出、神仙打架：这边，实验物理学家们发现 X 射线、电子、放射性现象、超导体；那边，理论物理学家们也不甘示弱，提出了相对论和量子物理学两大新理论。

两个？就两个吗？就两个，别嫌少！现代物理学的支柱，就是这两个理论。

相对论是爱因斯坦一个人天马行空的思想独舞，而量子物理学则是许多位物理学家强强联合的接力赛。

你一定想知道，跑第一棒的是谁吧？

没啥发现的普朗克院士

1874 年，一个生得清秀眉眼，有雕塑一般侧颜的小帅哥，想进慕尼黑大学学习物理专业，他叫马克斯·普朗克。谁知男孩父亲的朋友——慕尼黑大学的物理学教授竟然出面劝阻，叫他别学物理。

并不是因为教授觉得这孩子脑子不好使，恰恰相反，普朗克一家子学霸，他自己从小就聪明得很，数学和物理课的成绩都不错。教授反对的原因是，那时候，物理学星汉灿烂的大发展年代还尚未到来，当时的物理学家们都觉得这个学科所有的问题都解决了，牛顿、麦克斯韦等几位"大神"已经把物理学的"大厦"建得差不多了，上看下看，没什么建功立业的机会了，留给

经典物理学

后人做的事情，也就是把某个物理学常数小数点后第 *n* 位数字再精确一下。这种事不能说没有贡献，但真的，就有点儿无聊。

可普朗克人虽不大，却脾气挺犟，说自己"并不期望发现新大陆，只希望理解已经存在的物理学基础，或许能将其加深"。

结果普朗克如愿进入了慕尼黑大学学习物理。后来，他先后在柏林大学、基尔大学学习和任教。到 1894 年，普朗克已经是柏林大学物理学教授、普鲁士科学院院士了。

不过，直到 1894 年，普朗克当选院士之时，他也还没有一个重大的发现。是不是真的应了当初自己的话？当真没有等待人发现的"新大陆"了？

不！一个难得的机会正在悄然出现……

工业革命捏出的难题

其实，这个机会已经冒出来一段时间了，就是我们熟悉的第一次工业革命。

第一次工业革命的标志性特点就是蒸汽机的广泛使用。机器提供的强大动力当然远胜于之前的人扛马拉，因此社会生产力被大幅度提高。欧洲开始从封建社会走向资本主义社会。不管是制造蒸汽机，还是生产其他机器，都需要使用钢铁作为主要原材料，这又推动了炼钢行业的大规模发展。到了 19 世纪下半叶，传统的炼钢工艺已经不能满足需要了，而想要炼出质量更好的钢，精准控制炼钢炉的炉温至关重要。

在炼钢炉里，温度超过 1 000℃，什么样的温度计进去后都化成水了，用温度计量一量这个办法就别想了。那该怎么办呢？有经验的炼钢工人都知道，可以通过观察钢水的颜色来判断温度。当钢水呈红色时，说明炉内的温度还相对比较低；如果颜色变成了黄色，就说明温度升高了一些……这一招虽然简便易行，但一听就知道不会很精确。工业革命的时代浪潮呼唤对炉温的精确控制，这个时候就需要物理学家出马了。

物理学家自有一套解决问题的思路。因为掌握更多事物之间曲折隐秘的关联，他们总能巧妙地把

炉火纯青。

在我国古代，炼丹道士也会观察炉中颜色，当从红色转变为纯青色时，就说明成功了。成语"炉火纯青"就是这样来的。

未知的转化成已知的，把看不见的转化成看得见的，比如我们熟悉的温度计，就是把看不见的温度变化转化为看得见的液柱高度的变化。物理学家们知道，一个物体的颜色和它辐射出的光波的波长存在对应关系，因而只要找到钢水辐射光波的波长和钢水温度之间的关系，就可以间接知道炼钢炉里的温度了。

对当时的物理学家们来说，这个问题不算太难，只要构建物理模型，列上几个公式，唰唰唰三下五除二，就能算出结果。然而，真的做起来，却一个个都"翻车"了。尽管有不少物理学家都站出来解这道"应用题"，纷纷拿出自己的物理模型和公式，却没有一个能符合实验数据。

是哪里出了问题呢？

紫外灾难

在所有参与研究的物理学家里，数英国人约翰·威廉·斯特拉特（因被封为瑞利男爵，人们也称其为瑞利）和德国人威廉·维恩名气最大，两人分别获得了 1904 年和 1911 年的诺贝尔物理学奖。然而，这两位诺贝尔奖得主却都在炼钢炉前栽了跟头。

当然，他们也不能算是彻底白忙一场。两个人都有对的地方：维恩的公式，在波长比较短的时候，还是能和实验数据对上的，但在波长比较长的区域，就错得一塌糊涂；瑞利的辐射公式刚好相反，当波长比较长时，符合实验数据，而当波长相对短的时候，就错得离谱！

不仅如此，瑞利的辐射公式还能得出一个荒谬的结论，就是炼钢过程中，炼钢炉会不断向外辐射大功率的紫外线，这些紫外线强悍到足以让人死亡了。好家伙！物理学家一个公式，把炼钢厂变成了火葬场。在物理学史上，管这叫"紫外灾难"。

普朗克也对这个难倒无数物理学家的问题产生了兴趣，不过他既没有站队维恩，也没有认可斯特拉特，而是提出了一个全新的公式。这个新公式，无论在长波区，还是在短波区，都

阅读延伸

你可能会奇怪：不是说没法直接测量炼钢炉的温度吗？怎么又冒出"实验数据"来？对斯特拉特和维恩的公式，拿来比对的实验数据是在几百度的温度下测出的，以当时的技术水平，测量这样的温度还是能办到的。如果验证相符，就可以把公式推广到钢水的温度（1 500℃以上），利用公式来得知温度了。

与实验结果非常符合，看来这个公式是有用的！取个名字，就叫普朗克公式吧。

那普朗克是不是也功成名就了呢？远远没有！如果他是一个数学家，那倒是可以潇洒收工了。可普朗克是物理学家，光给出个公式不行，这个公式说明了什么道理，物理学家有责任给大家解释解释。

于是，普朗克给出了几种不同的假设，试图从这些假设中推导出普朗克公式。很快，普朗克的研究有了发现：如果假设钢水在辐射光波的时候，不是连续进行的，而是一份一份进行的，每一份光波的能量都是某一个最小值的整数倍，那么就能得到普朗克公式了。这个最小值被普朗克称为能量子。

量子物理学最初的理论就这样诞生了。

说得自己都不信

普朗克的发现，可以说是惊世骇俗，在当时的人们看来，这就是一本正经地胡说八道。要是按普朗克的说法，那物理学可就要崩塌了。

当时的物理学理论认为，光是一种电磁波，光的能量弥漫在所有光所能照耀到的空间内，这听上去，和我们看到的是一致的。既然光的能量是充满整个光照空间的，那它的能量能不是连续的吗？当然连续，不仅光的能量是连续的，所有的能量都是连续的。而普朗克居然说，光的能量是一份一份的，这等于一把推翻了物理学的基础。

就连普朗克本人也对这个发现举棋不定。有一天，普朗克和儿子一起外出去遛狗。他边走边对儿子说：我最近有一个发现。可这个发现很可能是错误的。

阅读延伸

在日常生活中，很多物质发生的变化是连续的，比如水管中流出的水，流动的空气，还有你变化的身高。普朗克的观点认为，物质的某些性质不是连续变化的，变化量存在一个最小单位，这类物质每次发生变化时，不能想变到多少就变到多少，它们变化的数量必须是最小单位的整数倍。

如果不是错误的，那它就一定是个大发现，也许能与牛顿的成就相比肩。

1900年底，普朗克在德国物理学会的年会上做了一个报告，阐述了自己的发现。尽管听众都不大认同，但还是给普朗克院士留了一些面子，质疑的声浪不大。

然而，倒是普朗克院士自己忧心忡忡、坐立难安。尽管话是说出去了，但在他的眼里，光的能量怎么能是不连续的呢？在此后的几年里，普朗克几乎把所有的时间都花在推翻自己上了，他还是想循规蹈矩地用传统的物理学理论，重新解释他的普朗克公式。

开创一片新天地

然而，在普朗克的发现中，有人看到了闪闪发光的东西。

比普朗克小21岁的爱因斯坦发展了普朗克的理论，在1905年，他提出了光量子理论，就是说，不仅光在辐射时，能量是一份一份的，光在与物质相互作用时，也表现得是一份一份的。因为这件事，普朗克可不痛快了，大概觉得，看见我错了，你不帮我纠偏改错，怎么还推波助澜，跟着瞎起哄呢？普朗克本来是很赏识爱因斯坦的，可对于爱因斯坦提出的光量子理论，普朗克公开反对。

　　不过，科学的发展和进步并不以人的意志为转移，这个世界到底是什么样的，也不取决于某些人是不是喜欢。渐渐地，开始有实验证实，只有假设"一份一份的"，科学家提出的猜想才能和实验吻合；只有认定"一份一份的"，某些现象才能得到合理的解释；在我们身处的宏观世界里，"连续"已经习以为常，而在微观世界里，"一份一份的"就是法则。

　　在普朗克和爱因斯坦之后，玻尔、德布罗意、薛定谔、玻恩等一大批物理学家不断以自己的方式将"量子"概念发扬光

大，最终建立了量子物理学。截至 19 世纪末，物理学业已建成的"大厦"，研究的是宏观世界，而量子物理学探索的是微观世界。微观世界的很多现象，的确让身处宏观世界的我们感到不可思议。

1918 年，因提出能量量子化概念，普朗克获得了诺贝尔物理学奖。在他之后，爱因斯坦、玻尔、德布罗意、薛定谔、玻恩等人都因为对量子物理学的研究而获得诺贝尔奖。

今天，无论是建设核电站，还是发射月球探测器，都要运用量子物理学的知识，从天上的导航卫星、空间站，到地面上的核磁共振、CT 扫描；小到计算机芯片，大到太空武器，量子物理学都在其中大显神威。现在，量子通信加密技术已在我国开始使用了，未来，量子计算机还将大大提高科技发展的速度。而所有这些，都源于普朗克的奇思妙想。

阅读延伸

其实无论是宏观世界，还是微观世界，变化的最小单位都是"一份一份的"。只是这个"一份一份的"实在是太小，以至于在宏观世界中，我们根本感受不到，所以我们认为世界是连续的。而在微观世界，因为研究的物质本身就很小，这时"一份一份的"就显得很大了，让我们不得不重视。

诺贝尔奖群英谱

1918 年 诺贝尔物理学奖

- 授予 -

马克斯·普朗克 / 1858-1947
德国物理学家

表彰他因提出能量量子化概念
而对物理学进步所做的贡献

第7讲

触发宇宙大劫难

它是众多科幻小说中的大热门，一直神神秘秘，众说纷纭。

有人说，只要1克这种东西就可以摧毁整个地球；还有人说，只要制造出很多很多，就能实现宇宙旅行；更有人说，我们的宇宙一旦与一个它这样的宇宙相遇，那就是真正的世界末日、宇宙大劫难！一切灰飞烟灭。

它就是科学家说的"反物质"。

到底什么是反物质，它真有这么大的威力吗？

一个瞎胡闹的猜想

1931 年，英国物理学家狄拉克提出一个大胆的预言：存在正电子。

"呵呵……"当时大多数科学家听了也就是笑笑，摇摇头，该干吗干吗。毕竟作为科学家，谁还没听过几个荒唐的预言啊。这就是从数学推导出来的，根本不符合实际规律。

我们之所以能够使用电灯、电冰箱、电视机这些电器，都是因为电线中有一种看不见的小东西在传输电能，叫作电子。电子带一个单位的负电荷。而狄拉克预言的正电子呢，就是带一个单位的正电荷，除所带电荷的电性不同以外，其他方面正电子和电子都一模一样。提出还有正电子，就好比有人说，世界上还有一个人，和你长得一模一样，只不过和你性别相反，呵呵，谁信哪？让约里奥 - 居里夫妇错过诺贝尔奖的，就是这个另类的正电子，也不能全怪人家粗心大意，毕竟这个小东西实在太颠覆常理了！

然而，大自然就是不按常理出牌的。一年后，美国物理学家卡尔·大卫·安德森在研究宇宙射线在磁场中的偏转时，一条另类的轨迹引起了他的注意：这条轨迹和电子的轨迹相似，只不过弯曲的方向"反过来了"。进一步的研究发现，留下这条轨迹的未知粒子的质量与电子相同，带电性却相反。这会不会就是狄拉克提出的正电子呢？

还记得前面提过的反物质吗？正电子就是一种反物质。正常物质和它对应的反物质，质量完全一样，带电量也一样，只不过一个带正电，另一个带负电。其他性质也是相同或相反的。当正反物质相遇时，双方就会相互湮灭抵消，发生爆炸并产生巨大能量。

为了品尝正电子的味道，我是不是该加点儿胡椒面？

放松点儿！别这么严肃，其实你还吃过正电子呢。嗯，你能见到的功率最大的"正电子发生器"就是香蕉啦。香蕉中富含钾，钾的同位素钾 -40 可以放出正电子，平均算下来，一根香蕉一天能产生 15 个正电子呢。下次吃的时候，别忘了好好品一品正电子的味道！

回去! 让你爸来领奖

1936 年，瑞典斯德哥尔摩市政厅，一年一度的诺贝尔奖颁奖典礼正在举行。一个看起来嘴上没毛办事不牢的年轻人兴冲冲地赶来，却被拒之门外。工作人员礼貌又有点不屑地说："请转告你父亲，基金会宁愿把奖金通过银行汇给他，也不会让他的儿子来代领！"年轻人平静地问："你怎么知道得奖的是我父亲，而不是我呢？"

这个人正是 4 年前发现正电子的安德森，获奖时他才 31 岁，是史上最年轻的诺贝尔奖得主之一。别人得奖时，都已经

©Moment/Getty Images

斯德哥尔摩市政厅

是德高望重的教授，而安德森还是一名小字辈的助教！31 岁就获得诺贝尔奖，他的运气也太好了吧！安德森可不只是靠运气，想要抓到正电子也绝非易事。

别看香蕉里就有这东西，那时候的人可不知道。正电子并非唾手可得，要到宇宙射线里找，这可不是轻轻松松在实验室里就能做到的。宇宙射线在穿过地球大气层时，大部分都被吸收了，在地面研究宇宙射线真是"渣都不剩了"。那怎么办？发个卫星，或者上空间站？当时可没这些。

安德森就是不信邪，虽然上不了太空，只能在地面上做研究，可使用更好的实验仪器，仍然能得到不错的成果。安德森使用的仪器叫云室，是一种专门观察带电粒子运动的仪器。他的云室设计得很巧妙，可以降低宇宙射线中带电粒子运动的速度，从而抓住它们。

本应第一个获得诺奖的中国人

　　当安德森宣布发现了正电子的时候，最郁闷的就是约里奥 – 居里夫妇了，但还有一个人也让人替他感到可惜！他就是我国著名物理学家赵忠尧。

　　1902 年生于浙江诸暨的赵忠尧，1927 年赴美深造，师从于诺贝尔物理学奖得主密立根，和安德森是同门师兄弟。1930 年，赵忠尧在实验中发现了正电子，并观察到了正电子与电子的湮灭。所谓湮灭，就是当一个正电子与一个电子相遇时，就"同归于尽"了。可惜赵忠尧自己并没有意识

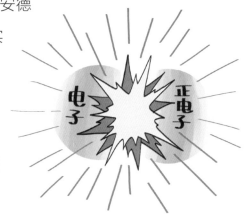

到他发现了正电子，只是将实验现象写成论文发表了出来，但未引发关注。

直到 1932 年，安德森宣布发现正电子时，人们才重新认识到赵忠尧论文的价值。赵忠尧被认为是第一个发现反物质的人。虽然与诺贝尔奖失之交臂，但赵忠尧确实取得了接近诺奖级的成果，也得到了许多科学家的认可：

"赵忠尧在世界物理学家心中是实实在在的诺贝尔奖得主。"——前诺贝尔物理学奖委员会主任爱克斯朋。

"他就是正负电子产生和湮灭过程的最早发现者，没有他的发现就没有现在的正负电子对撞机。"——诺贝尔物理学奖获得者丁肇中。

就连安德森也公开声明，他的发现是受到了赵忠尧的启发才做出来的。

中华人民共和国成立后，身在美国的赵忠尧经历种种磨难，被调查、扣留，随身财物被没收，甚至被关进监狱，依然矢志不渝，最终冲破美国设置的重重阻力回到祖国。归国后，赵先生先后筹建了中国科学技术大学近代物理系、中国科学院高能物理所，可以说是我国核物理事业的开拓者和奠基人。

会不会还有……

"哎哟！还有正电子啊？"物理学家们不亚于打了一针兴奋剂！谁的脑子都不慢，既然电子有跟自己电性相反的"另一半"，那别的粒子呢？会不会在哪个犄角旮旯还藏着一个带负电的质子？嗯，叫负质子不好，叫反质子！

"快去找找！"

"小安不是在宇宙射线里找到正电子的吗？那咱们就去高空找找反质子。"

科学家们纷纷造出更先进的仪器，送上高空，这这那那的粒子倒是收获了一堆，却并没有反质子。真是有心栽花花不开。

1955年，两个美国人埃米利奥·吉诺·塞格雷和欧文·张伯伦另辟蹊径，用当时最先进的加速器把质子加速到很高的速度，再用高速质子去轰击铜，在被轰出来的粒子里，他们发现，大约每62 000个介

这家伙也没长反啊?!

人家只是带电和你相反。

阅读延伸

欧洲核子研究组织是世界上最大的粒子物理学实验室，位于瑞士日内瓦西北部，和法国接壤的边境。它主要为满足研究的需要，提供粒子加速器和其他基础设施。这里的粒子物理学博物馆可供公众会员在办公时间参观。

子中，有 1 个反质子。哇！62 000 个里面才有 1 个，这也是大海捞针了！塞格雷和张伯伦因此获得了 1959 年的诺贝尔物理学奖。

发现反质子后一年，4 个美国人照方抓药，又用类似的技术发现了反中子。

著名华裔物理学家丁肇中就在实验室中观察到了反氘（dāo）核。

1995 年，欧洲核子研究组织的科学家在实验室中制造出了世界上第一批反氢原子。既然原子由原子核和电子组成，而原子核由质子和中子组成，反质子、反中子、正电子都有了，科学家顺理成章想到了制造反原子。

2011 年，中美科学家合作制造出了反氦原子核，这是目前为止，人类制造出的最重的反物质原子核。

物理学家把所有质量相同、带电性和磁矩相反的粒子统称为反粒子。按物理学家们的思维方式，每个粒子都该有自己的反粒子，电子的反粒子是正电子，质子的反粒子是反质子，中子的反粒子是反中子。

那就去把它们一个个都找出来，找不到的，就找材料自己造。

爱看科幻小说的人，可能已经瑟瑟发抖了：科学家们心真大呀！居然去找邪恶的反物质，这不相当于手拉手去找魔鬼吗？

反物质能有什么坏心眼儿？

一个电子碰到一个正电子，就什么都没有了，还会产生很多能量。

一个质子碰到一个反质子，就什么都没有了，也会产生很多能量。

一个人碰到一个反物质人，就上演现实版"人间蒸发"，什么都没有了，同样会产生很多能量。

那我们的宇宙要是碰到了反物质组成的宇宙呢？那就真是按下了终止键，一切都不复存在，发生宇宙终极大劫难，只剩巨大的能量了。

在物质与反物质相遇的结局中，有人看到了前半句，有人看到了后半句。前者是毁灭，是终结，是万劫不复，不过目前只存在于科幻；后半句是希望，是未来，是困难重重，是科学家的探索目标。

有人说，1 克反物质就能毁灭地球，那是痴人说梦！可如果反物质能成为能量的来源，那人类就再也不用担心能源危机了。可惜目前反物质只有一星半点的产量，贵得根本用不起。据 1999 年估算出的价格，1 克反物质要 62.5 万亿美元，比

2020 年中国 GDP 的 4 倍还多！反物质的保存条件还是“地狱级”的苛刻，一不留神，刚产生的反物质就和正常物质互相吸引，双双“丧命”了，就这？怎么用？

吓人的价格，且难以保存，反物质也是相当不友好了！那科学家们为什么还要开展国际合作，共同研究它？一个非常重要的目的是探索宇宙形成的奥秘。宇宙诞生之初，只是一大团能量，什么电子、质子都还没有呢。后来，各种物质从小到大，逐渐产生。那么问题来了，科学家们认为，物质应该是对称的，电子和正电子应当一样多，质子和反质子也应当一样多，有多少正物质，就该有多少反物质啊！而实际上，我们目光所及看到的都是正物质，宇宙中反物质的数量却少之又少。

这是怎么回事呢？

反物质去哪儿了？

我们的宇宙为什么会这样“偏心眼儿”？

会在某个地方存在一个反物质组成的宇宙吗？

我们的宇宙会和它相遇吗？

…………

到目前为止，这仍是物理学的未解之谜！国际上的顶尖科学家们正齐心协力上下求索。嗯，也等着你去破解。

诺贝尔奖群英谱

THE NOBEL

1936 年 诺贝尔物理学奖

- 授予 -

卡尔·大卫·安德森 / 1905-1991 美国物理学家

表彰他发现了正电子

维克托·弗朗西斯·赫斯 / 1883-1964 奥地利物理学家

表彰他发现了宇宙辐射

1959 年 诺贝尔物理学奖

- 授予 -

埃米利奥·吉诺·塞格雷 / 1905-1989
美国物理学家

欧文·张伯伦 / 1920-2006
美国物理学家

表彰他们发现了反质子

你不知道的诺贝尔奖

诺贝尔奖分设奖项

按照诺贝尔的遗嘱，诺贝尔奖分设物理学奖、化学奖、生理学或医学奖、和平奖和文学奖 5 个奖项。旨在表彰前一年在物理学、化学、生理学或医学、和平及文学上对人类福祉做出巨大贡献的人。

1968 年，瑞典中央银行在建成 300 周年之际，为了纪念诺贝尔，出资增设了诺贝尔经济学奖，用于表彰在经济学领域做出杰出贡献的人。

第8讲

用中文演说的诺贝尔奖得主

他是诺贝尔奖自设立以来，第一个用中文进行演说的获奖者。

有人强势劝阻，他说：你管不着！

有人问，你不怕别人听不懂吗？他说：我想让中国的孩子听懂。

他是蜚声世界的实验物理学家，却常常说：不知道，我不知道。

他领导几百位科学家参与国际科研合作项目，还时时不忘提携中国年轻学者。

他就是华裔美籍物理学家丁肇中。总感觉，他做了一辈子美国公民，骨子里却依旧是一个地地道道的山东倔老头。

中国的"中"

1936 年，学者丁观海正在美国密歇根进行学术交流，和他一起访美的夫人王隽英恰好身怀有孕。丁观海是一位土木工程专家，先后在山东大学、重庆大学等学校任教。夫人王隽英研究儿童心理学。本来，丁观海夫妇俩算好了日子，学术活动结束后就动身回国，一起迎接新生命呱呱坠地。然而，计划赶不上变化。

这个长大以后热衷于探究自然界秘密的小宝宝，可能太过好奇、好动，他迫不及待地想要看看这个世界，居然无视父母的时间表，提前报到，在美国出生了。于是，作为山东日照名门望族的丁家，意外地迎来了一位美国公民。丁观海夫妇给新生的男孩取名叫丁肇中。在汉语里，"中"字的意思很多，比如中等、居中，不过，丁肇中的"中"，意思很明确，是中国的"中"。丁肇中之后，丁家又先后诞生了两个孩子，分别叫丁肇华和丁肇民。

三个月后，襁褓中的丁肇中随母亲一起回到中国。一年后，"七七事变"爆发，全面抗战开始了，中华大地烽烟四起，年幼的丁肇中不得不随家人辗转于江苏、四川、重庆等地。因为

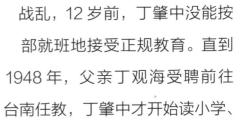

战乱，12 岁前，丁肇中没能按部就班地接受正规教育。直到 1948 年，父亲丁观海受聘前往台南任教，丁肇中才开始读小学、读中学……

尽管 12 岁前，国家和民族的苦难让学校里放不下一张安静的书桌，但丁肇中家里的家风家教还是非常令人羡慕的。父母尊重并引导孩子的兴趣，并不强迫孩子背书、刷题。在无法回归课堂的日子里，父亲扮演了启蒙老师的角色，时常把牛顿、法拉第、冯·卡门这样一流科学家的故事对丁肇中娓娓道来。长大后的丁肇中认为，这是"父亲对他最大的影响"。母亲对孩子们的殷殷嘱托则是"爱祖国，爱科学，双爱双荣"。这些都深深地影响了丁肇中一辈子。

1956 年，丁肇中来到自己的出生地——美国密歇根州，考进了在国际上享有盛誉的密歇根大学，并在一位老师的建议下，放弃了最初选择的工程专业，转学老师认为更适合他的物理学。果然如鱼得水，丁肇中的天赋得到了发挥，由此开启了精彩的人生。

短命的长寿粒子

前一篇介绍了，正电子于 1932 年被发现。这给物理学开创了一个崭新的分支——粒子物理学。没错！就是研究各种微观粒子的一门学问。

微观粒子人小鬼大，不按常理出牌，不用点雷霆手段休想捉到它们。因此，像爱因斯坦、普朗克那样，仅凭一颗超强大脑去计算、去推理是不够的，还要有仪器、有设备，更要有一双灵巧的手、一个敏锐的头脑去驾驭这些庞大复杂的仪器设备。丁肇中就是这样一位实验物理学家，他的主要科研方向是粒子物理学。

1965 年，他在实验室中发现了由反质子和反中子组成的反氚核；1967 年，他测量了电子的半径，发现电子的半径小于 0.000 000 000 000 000 1 米。你没看错，小数点后面一共有 15 个零！

然而，这些发现都没有他在 1974 年发现的粒子重要。

1974 年 11 月 11 日，在粒子物理学的历史上，这个看起来平平无奇的日子绝对值得被写入史册！因为在这一天，发生了两件不得了的大事，可以说好事成双！其中一件就是丁肇中领导的研究团队在纽约的布鲁克海文国家实验室，宣布发现了一种新的微观粒子。

当然，如果发现一种新粒子，就能拿诺贝尔奖，那么在那个年代，诺贝尔物理学奖早就被粒子物理学家组团承包了。在粒子物理学诞生后的几十年里，在不断提高的实验手段加持下，新的粒子不断向人类"报到"，很多物理学家都在实验室中发现了新的微观粒子。

然而，丁肇中发现的新粒子与众不同：这家伙不带电，质量还不小，寿命比别的粒子长多了，比那些年发现的其他新粒子的寿命长 1000 倍。呃，足足能活 0.000 000 000 000 000 000 000 01 秒，小数点后有 19 个零！

一秒都活不到的粒子还好意思说"长寿"？没错，在我们看来，这个粒子太短命了，但在物理学家看来，长不长寿要看跟谁比，比起它的同类们，它真的很长寿了。

丁肇中将这种粒子命名为 J 粒子。

J 粒子更重要的意义在于，它的横空出世直接证明了第四种夸克的存在。1964 年，美国物理学家盖尔曼提出了微观粒子的夸克模型。当时，人们总共发现了 3 种夸克，分别是上夸克、下夸克和奇异夸克。

在 J 粒子被发现以前，用这 3 种夸克，就可以解释为什么会存在质子，为什么会有中子，以及其他一些微观世界的现象，这让物理学家们感觉相当满意。然而，科学家们一贯追求的"对称性"又毫不留情地提醒他们：自然界中应该不止有 3 种夸克，否则对称性就被破坏了。

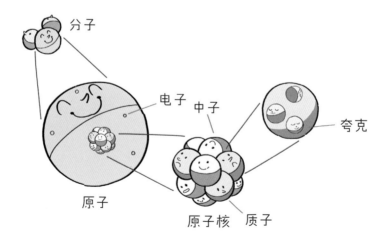

分子由原子组成，原子由质子、中子和电子组成。刨根问底的科学家们想知道，到底什么是最基本的粒子。盖尔曼提出，质子、中子这类的粒子还能往下分，它们由更基本的夸克组成。

可惜，理论归理论，现实归现实。现实就只有3种夸克，没有第4种，总不能凭空虚构呀。直到J粒子在丁肇中的实验室里横空出现，理论物理学家们才发现，用传统的3种夸克理论，无法解释J粒子的性质，必须引入第4种夸克才行。所以说，J粒子的发现大大推动了粒子物理理论的发展。

现在，我们知道，J粒子由一个粲夸克和一个反粲夸克组成，而其中的粲夸克正是这第4种夸克。J粒子的发现盖章认定了粲夸克的存在。这让夸克理论更加完善，也使人类对微观世界的认识更加深入。

"撞脸"粒子

J粒子的传奇还不止这些。1974年11月11日发生的另一件大事是什么呢？在距离纽约3000多千米的加州斯坦福直线物理学家特别看重对称性，因为物理规律的对称性往往意味着某种守恒性，比如时间对称性意味着能量守恒，空间平移对称性意味着动量守恒……物理学家认为在物理学中，守恒无处不在，自然对称也无处不在。如果出现了一个不对称的物理规律，要么错了，要么就是大发现，可以得诺贝尔奖的那种。

加速器中心，美国物理学家伯顿·里克特带着一队人马，在 11 月 11 日这一天也宣布发现了一种新的微观粒子。他给自己发现的小不点取名叫 ψ（读作普西）粒子。

谁也没想到，令人称奇的事情发生了：通过实验测量发现，ψ 粒子和 J 粒子的各项性质指标统统一模一样，真是巧了！在微观世界里，对粒子的描述和识别，不看脸，也不看高矮胖瘦，就看这个粒子有哪些性质，比如带电量、质量、寿命等。要是有两种粒子，各方面的性质参数全都一样，那就意味着它们是同一种粒子。丁肇中发现的 J 粒子和里克特发现的 ψ 粒子不是两种粒子意外"撞脸"，而是同一种粒子。

同一时间，不同的科研团队，在不同的地点，用完全不同的方法，取得了同样的发现，这在科学史上绝无仅有。值得一提的是，科学史为了争夺重大贡献的发现权而发生的纠纷并不鲜见，但那些事并没发生在丁肇中和里克特身上，他们两人都有谦谦君子的风度，都非常尊重对方的工作，不争不抢，还都主动以对方提出的方式命名这个粒子，最终这个粒子有了一个珠联璧合的新名字——J/ψ 粒子。

　　J/ψ 粒子的问世可是一件不得了的大事，被称为粒子物理的"十一月革命"，这个重大发现推动粒子物理的研究进入新的天地。为了表彰丁肇中和里克特的发现，诺贝尔奖委员会授予他们 1976 年诺贝尔物理学奖。

我愿意用中文就用中文

"国王、皇后陛下，皇族们，各位朋友：

得到诺贝尔奖，是一个科学家最大的荣誉。我是在旧中国长大的，因此想借这个机会向在发展国家的青年们强调实验工作的重要性……"

1976 年 12 月 10 日，诺贝尔奖的颁奖典礼上，响起了一个说中文的声音。这是丁肇中在发表自己的获奖演说。在诺贝尔奖历史上，这也算是前所未有了！此时，诺贝尔奖已经设立了 3/4 个世纪，超过 500 位获奖者按惯例在接受瑞典国王颁发的奖章和证书后，都会发表获奖演说。不管获奖者来自什么国家，平时说什么语言，一条不成文的规矩是，这个演说都用英语。丁肇中是第一个用中文进行获奖演说的诺贝尔奖得主。

在得知自己获得诺贝尔奖并要发表演说后，丁肇中就通知了瑞典皇家科学院自己要用中文。对方倒是没意见，问谁当翻译呢？丁肇中说，他自己当翻译。没想到，美国驻瑞典大使很快找上门来，说："我们和中国的关系非常不好，你用中文是不对的。"还三番两次跑来吓阻丁肇中。

丁肇中才不吃这套呢，说："这不是你的事情，你管不着，我愿意用中文就用中文！"也有人问他："你说中文不怕别人听不懂吗？"他回答："我不在乎他们能不能听懂，只是想通过这次演讲，唤起更多中国孩子对科学的兴趣。"

中国有句古话"劳心者治人，劳力者治于人"，可在科学上，丁肇中认为完全不是这么回事，实验室里每一次新发现，都能拓展人们的科学视野，为人类的知识宝库打开一片新天地。他热忱地希望，能有大批中国少年有志于从事科学实验工作。

他是这么说的，也是这么做的。1977 年 8 月 17 日，邓小平同志在北京人民大会堂接见了丁肇中。谈话间，求贤若渴、爱才心切的小平同志希望丁教授能够帮忙培养一些中国的实验物理人才。丁肇中当时的实验室隶属于联邦德国的一个研究中心，这件事他一个人说了不算，要德国政府相关部门和研究中心都批准才行。当晚，丁肇中就拨通了越洋电话，和有关方面协调此事。第二天，丁肇中亲口告诉小平同志：一切都没问题了，德国政府的科技部门和他所在研究中心都搞定了。连小平同志都感到十分意外，没想到丁教授不仅言出必行，办事效率还出奇地高。自那以后，我国陆续派出了 27 人，进入丁肇中的实验室学习。在这之后的 40 多年里，无论丁肇中在哪里工作，主持什么项目，在他的团队里都能看到不少中国科学家的身影。他让中国的年轻学者有机会接触到国际物理学研究的最前沿，为我国培养了许多优秀的物理学人才。

丁肇中先生看起来不苟言笑、庄重威严，但实际上，在他内心深处住着一个热忱、可爱，有点儿倔脾气的山东人。

接受记者采访时，如果问题的内容超出了他擅长的实验物理、高能粒子物理领域，他经常很干脆地回答：我不知道，我真的不能回答。他坦坦荡荡，一点儿都没有国际著名物理学家的"偶像包袱"。让人不由得想起2000多年前，他的山东老乡孔子说过的"知之为知之，不知为不知"。

做了一辈子美国公民，他一直心系家乡。2004年，日照市需要一位有影响力的人给城市做宣传推广，找到了丁肇中，他爽快地一口答应，对着镜头侃侃而谈："……日照作为一个休闲的地方，绝不亚于美国和欧洲最好的地方。"

阅读延伸

据科学家估算，组成我们已知的星球和星系的可见物质只占宇宙总质量的5%，另外95%是我们看不见却广泛存在于宇宙中的暗物质和暗能量。

　　如今，已经80多岁的丁肇中依然没有退休享受清闲，因为离不开他钟爱的科学实验，他还在领导着来自16个国家和地区的60多个研究机构、600多名科学家为寻找宇宙中的暗物质和反物质而不知疲倦地工作。

　　在这个项目中，阿尔法磁谱仪被送上国际空间站，成为人类送入宇宙的第一个粒子物理实验设备。而这个仪器的核心部件环形永磁体，是由中国科学家制造的，有着一颗"中国心"。

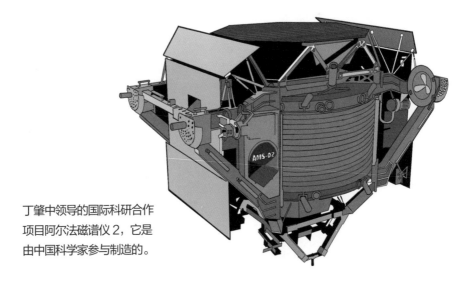

丁肇中领导的国际科研合作项目阿尔法磁谱仪2，它是由中国科学家参与制造的。

盖尔曼读过的一本怪诞诗集里面有一段话"夸克，夸克，夸克，三五海鸟把脖子伸直，一起冲着绅士马克，除了三声'夸克'，马克一无所得……"。于是，盖尔曼把自己提出的神秘微观粒子取名为"夸克"。

诺贝尔奖群英谱

1976 年 诺贝尔物理学奖

- 授予 -

丁肇中 / 1936-   美国物理学家

伯顿·里克特 / 1931-2018   美国物理学家

表彰他们在发现新的重基本粒子方面的开创性工作

PRIZE